Fritz Eiselen • Albert Hofmann
Die elektrische Hoch- und Untergrundbahn in Berlin

AF193887

edition·epilog·de

Hochbahnhof Kotbusser Tor.

Hochbahnhof Oranienstraße.

Fritz Eiselen • Albert Hofmann

Die elektrische Hoch- und Untergrundbahn in Berlin

Zeitreisen zur Kultur + Technik
Herausgegeben von Ronald Hoppe
edition.epilog.de

Bibliografische Information der Deutschen Nationalbibliothek:
Die Deutsche Nationalbibliothek verzeichnet diese Publikation
in der Deutschen Nationalbibliografie; detaillierte bibliografische
Daten sind im Internet über http://dnb.dnb.de abrufbar

Ausgewählt, redigiert und gestaltet von Ronald Hoppe
Herstellung und Verlag: BoD – Books on Demand, Norderstedt

ISBN: 978-3-7528-9695-4

Inhalt

Editorische Anmerkungen

Die Kapitel I bis VI wurden von Fritz Eiselen verfasst und im Zeitraum Oktober
bis Dezember 1901 unter dem Titel ›*Die
elektrische Hoch- und Untergrundbahn
in Berlin von Siemens & Halske*‹ in der
Deutschen Bauzeitung veröffentlicht. Kapitel VII erschien im Mai 1902 und stammt
von Albert Hofmann.

Der Haupttext nimmt Bezug auf
zwei Beiträge von 1892 und 1897, die
im Anhang wiedergegeben werden
(S. 91 u. 110). Ergänzend hierzu findet sich
auch ein Beitrag über die Konkurrenzpläne der Allgemeinen Elektrizitätsgesellschaft im Anhang (S. 106).

Für diese Ausgabe wurden die Original-
texte in die aktuelle Rechtschreibung
umgesetzt und behutsam redigiert.
Längenangaben und andere Maße wurden gegebenenfalls in das metrische
System umgerechnet.

• Der Bahnhof **Warschauer Brücke** heißt
seit 1995 ›Warschauer Straße‹.
• Der Bahnhof **Stralauer Tor** wurde 1945
zerstört und danach nicht wieder aufgebaut.
• Der U-Bahnhof **Potsdamer Platz** wird
im Text gelegentlich auch als ›Potsdamer
Bahnhof‹ bezeichnet.

Einige der im Text erwähnten Straßen wurden umbenannt oder aufgegeben:

Auguste-Viktoria-Platz > Breitscheidplatz
Brandenburgstraße > Lobeckstraße
Belle-Alliance-Brücke > Hallesche-Tor-Brücke
Belle-Alliance-Platz > Mehringplatz
Charlottenburger Chaussee > Straße des 17. Juni
Mohrenstraße > Anton-Wilhelm-Amo-Straße[1]
Elisabethufer > Erkelenzdamm
(Am) Knie > Ernst-Reuter-Platz
Königgrätzer Straße > Stresemann- und Ebertstraße
Königin-Augusta-Straße > Reichpietschufer
Luisenufer > Segitzdamm
Lutherstraße > Martin-Luther-Straße
Memeler Straße > Marchlewskistraße
Sedanufer > Aufgegebene Uferstraße zwischen
Prinzenstraße und Gitschiner Straße
Sommerstraße > Ebertstraße, Friedrich-Ebert-Platz
Torbecken > Wassertorplatz
(Am) Wassertor > Wassertorplatz
Wilhelmplatz > Richard-Wagner-Platz

Wenn im Text vom **Kurfürstendamm** die Rede ist, wird damit meistens die heutige
Budapester Straße gemeint, die 1925 vom Kurfürstendamm abgetrennt wurde.

---

1) Die Umbenennung war zum Zeitpunkt der Drucklegung noch nicht rechtskräftig.

Die elektrische Hoch- und Untergrundbahn in Berlin

von Siemens & Halske

Mit dem seinem Ende zueilenden Jahr geht auch der Bau der elektrischen Stadtbahn von Siemens & Halske seiner Vollendung entgegen. Zwischen der zu Beginn des neuen Jahres geplanten Eröffnung dieser die südlicheren Stadtteile von Osten nach Westen durchquerenden Linie und der Betriebseröffnung der nördlich gelegenen ersten Berliner Stadtbahn, die sich inzwischen zu einer Bedeutung für den städtischen Verkehr aufgeschwungen hat, an die selbst weitblickende Männer seinerzeit nicht glaubten, liegen 20 Jahre. Seit die Firma Siemens & Halske zuerst mit dem Plan hervortrat, nach welchem die Stadt von einer Reihe von dem Schnellverkehr dienenden, teils als Hochbahn, teils als Untergrundbahn auszuführenden Stadtbahnen zur Verbindung wichtiger Verkehrszentren durchzogen werden sollte, sind 10 Jahre verflossen. Von diesem umfassenden Plan ist nur die eine westöstliche Linie, welche südlich der Berliner Stadtbahn verlaufend die beiden Stationen WARSCHAUER BRÜCKE und ZOOLOGISCHER GARTEN derselben miteinander verbindet und so mit ihr einen vollen, das Stadtinnere umziehenden Ring bildet, nebst einer Abzweigung zum Potsdamer Platz nach langwierigen Verhandlungen und unendlichen Verzögerungen zur Ausführung gekommen. Die geplante Fortführung vom Potsdamer Platz als Unterpflasterbahn durch das Stadtinnere einerseits zum Bahnhof Friedrichstraße bzw. bis zur Schlossbrücke, andererseits bis zum Spittelmarkt und weiterhin *(vgl. Abb. 84)* konnte bisher nicht verwirklicht werden, weil die Verhandlungen zwischen Siemens & Halske und der Stadtgemeinde Berlin noch nicht zu Ende geführt sind. Der Grund liegt darin, dass letztere mit der Absicht umgeht, die Stadt selbst mit einem Netz von Untergrundbahnen im Zuge wichtiger Verkehrsrichtungen zu versehen. Ohne eine Fortsetzung nach dem Stadtinneren, welche der ausgeführten Linie einen gesteigerten Verkehr zuführen würde, ist aber das Unternehmen von Siemens in seiner wirtschaftlichen Entwicklung derart gehemmt, dass es begreiflich erscheint, wenn die Bemühungen der Gesellschaft für elektrische Hoch- und Untergrundbahnen, welche 1897 in das vorgenannte Unternehmen eingetreten ist, mit allem Nachdruck fortgesetzt werden. Auf alle Fälle ist das erreicht worden, dass die bauliche Ausführung der Abzweigung zum Potsdamer Platz derart gestaltet werden konnte, dass eine Weiterführung als Unterpflasterbahn später ohne weiteres möglich ist, und es scheint auch so, als wenn wenigstens die durch die Königgrätzer-, Voss- und Mohrenstraße usw. zum Spittelmarkt geplante Linie, unter Umständen mit einer Verlängerung zum Alexanderplatz, der Firma

Siemens & Halske gesichert ist. Andererseits ist mit der Stadtgemeinde Charlottenburg schon eine Weiterführung als Untergrundbahn bis zum Knie und zum Wilhelmplatz, also bis in das Herz der Stadt vereinbart, während im Osten von der Endstation WARSCHAUER BRÜCKE durch eine elektrische Flachbahn zum Zentralviehhof, die am 1. Oktober 1901 eröffnet wurde, ein weiteres Verkehrsgebiet angeschlossen ist. Für die Verkehrsverhältnisse in Berlin ist also die neue Stadtbahn auch ohne die weiteren Anschlüsse von hervorragender Bedeutung. Ganz besonderes Interesse aber verdient das Unternehmen vom Standpunkte des Technikers, und zwar nicht nur des Ingenieurs, sondern auch des Architekten, denn der Tätigkeit des letzteren ist hier, insbesondere auch, um den Wünschen der Stadtgemeinde Berlin im weitesten Sinne Rechnung zu tragen, ein Umfang eingeräumt worden, wie wohl kaum an anderer Stelle bei einem von einer Erwerbsgesellschaft ausgehenden Unternehmen. Es sei versucht, in dem Nachstehenden einen knappen Überblick über die technische Seite der ganzen Anlage zu geben, der wir in Kapitel VII einen solchen über die künstlerische Durchbildung folgen lassen. Bei der Fülle des Stoffes müssen wir uns freilich darauf beschränken, das Wichtigste herauszugreifen, wobei übrigens auch auf die früheren Mitteilungen *(siehe Anhang)* verwiesen sei. ❐

I.

Allgemeines

a) Vorgeschichte des Unternehmens

Schon anfangs der 1880er Jahre trat Werner v. Siemens mit dem Gedanken auf, eine elektrische Hochbahn durch Berlin zu führen, und zwar im Zuge der Friedrichstraße, während Dircksen, der Erbauer der Berliner Stadtbahn, an eine solche in der Leipziger Straße dachte. So verlockend diese beiden Linien des stärksten Verkehrs auch für eine Schnellverbindung erscheinen[1], so konnten diese Pläne jedoch in der vorgeschlagenen Form keine Verwirklichung finden. 1891 trat Siemens dann mit den schon erwähnten Entwürfen hervor, die, auf gesunden Unterlagen ruhend, nunmehr Aussicht auf Erfolg hatten. Das galt insbesondere von der ostwestlichen Hochbahn, deren Linienführung aber noch mancherlei Abänderungen erfuhr, ehe sie die Gestalt erhielt, welche in dem Übersichtsplan *Abb. 1* dargestellt ist. So musste namentlich von der anfangs geplanten Linienführung des ganzen westlichen Teiles neben und über dem Landwehrkanal teils aus schifffahrtstechnischen, teils aus ästhetischen Gründen abgesehen werden, um so mehr, als eine Verschiebung nach Süden auch im Verkehrsinteresse wünschenswert schien, um eine günstigere Verbindung der durch die großen Bahnhofskomplexe getrennten südwestlichen

1) Die Stadt Berlin plant eine Untergrundbahn im Zug der Friedrichstraße

Stadtteile herzustellen. Diese Verschiebung bedingte dann aber die seitliche Abzweigung von der Hauptlinie zum Potsdamer Platz, da man sich den Anschluss an diesen Hauptverkehrs-Knotenpunkt keinesfalls entgehen lassen durfte. Bekannt sind die Schwierigkeiten, welche die Umgehung der Luther- und namentlich der Kaiser-Wilhelm-Gedächtniskirche dem Unternehmen bereiteten.

Während schon am 22. Mai 1893 die kgl. Genehmigung für die Teilstrecke WARSCHAUER BRÜCKE – NOLLENDORF-PLATZ erteilt wurde, zogen sich die Verhandlungen wegen der Fortführung bis 1897 hin. Mit den drei Gemeinden Berlin, Schöneberg, Charlottenburg, durch deren Weichbild die Linie führt, kamen Verträge am 25.6. / 18.7.1895, 18.10. / 5.11.1895 bzw. 23.5 / 30.6.1896 mit Nachtrag vom 30.1.1897 zustande, ebenso mit dem Eisenbahnfiskus, dessen Gelände bei der Kreuzung der Dresdener und Potsdamer Bahn berührt wird, am 25.11. / 4.12.1895. Unter dem 15. März 1896 erteilte das kgl. Polizei-Präsidium die Genehmigung zum Bau der Bahn und zum Betrieb derselben auf die Dauer von 90 Jahren. Auf die gleiche Zeit gelten auch die Verträge mit den drei Gemeinden, welche sich jedoch entsprechend den Bestimmungen des Kleinbahngesetzes vom 28.7.1892 das Recht vorbehalten haben, die Bahn mit allem beweglichen und unbeweg-

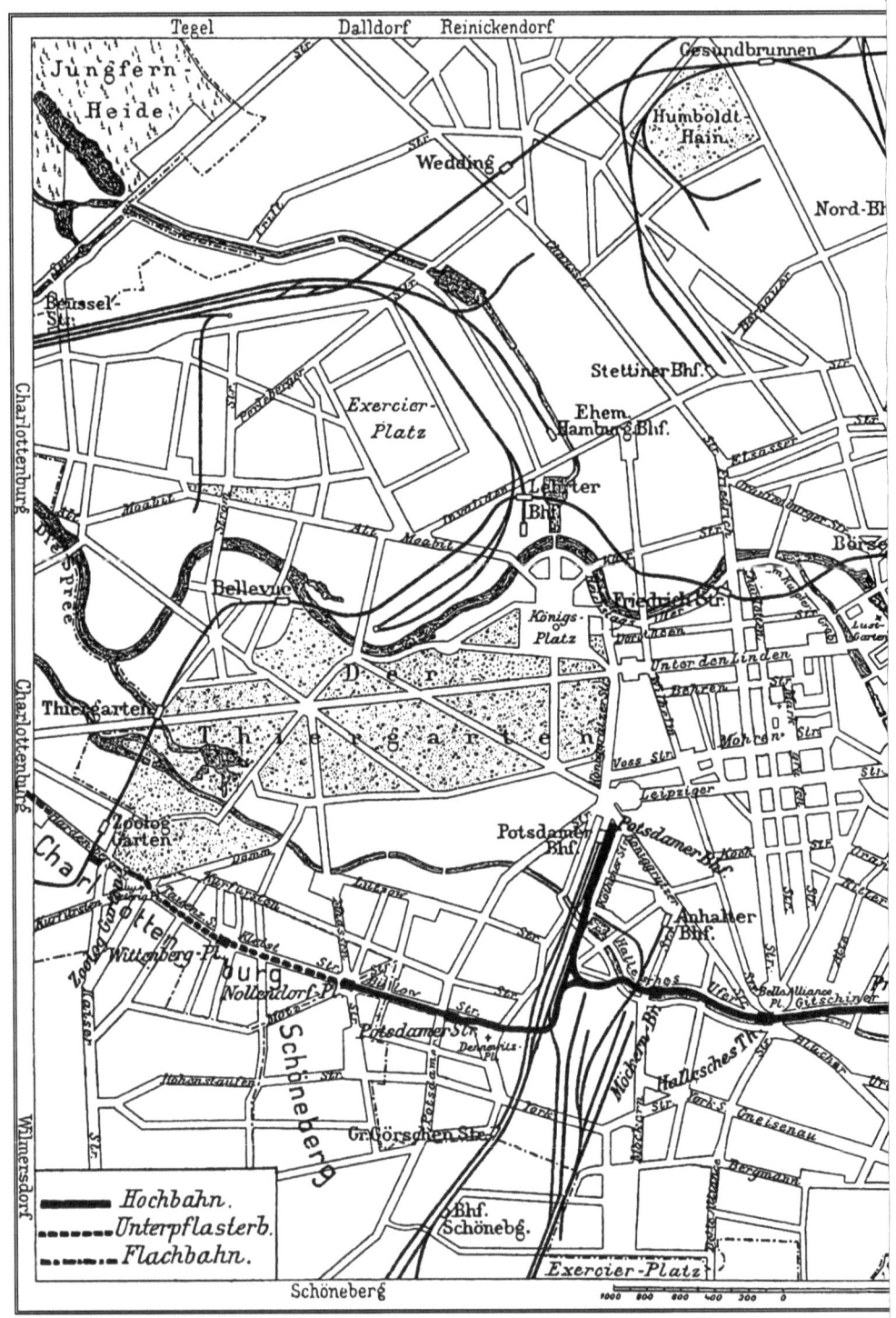

Tegel Dalldorf Reinickendorf

Jungfern-
Heide

Gesundbrunnen

Humboldt-
Hain

Wedding

Nord-Bh

Beussel-
Str.

Charlottenburg

Exercier-
Platz

Stettiner Bhf.

Ehem.
Hamburg Bhf.

Lehrter
Bhf.

Börse

Bellevue

Friedrich-Str.

Königs-
Platz

Unter den Linden

Der   Thiergarten

Thiergarten

Charlottenburg

Behren

Mohren- Str.

Voss Str.

Leipziger

Zoolog.
Garten

Potsdamer
Bhf.

Potsdamer Bhf.

Char

Wittenberg-Pl.

Anhalter
Bhf.

Nollendorf-Pl.

burg

Potsdamer Str.

Bella Alliance
Pl. Gitschiner

Schöneberg

Gr. Görschen Str.

Hallesches Th.

Gneisenau

Wilmersdorf

	Hochbahn.
	Unterpflasterb.
	Flachbahn.

Bhf.
Schönebg.

Exercier-Platz

Schöneberg

1000 800 600 400 200 0

10

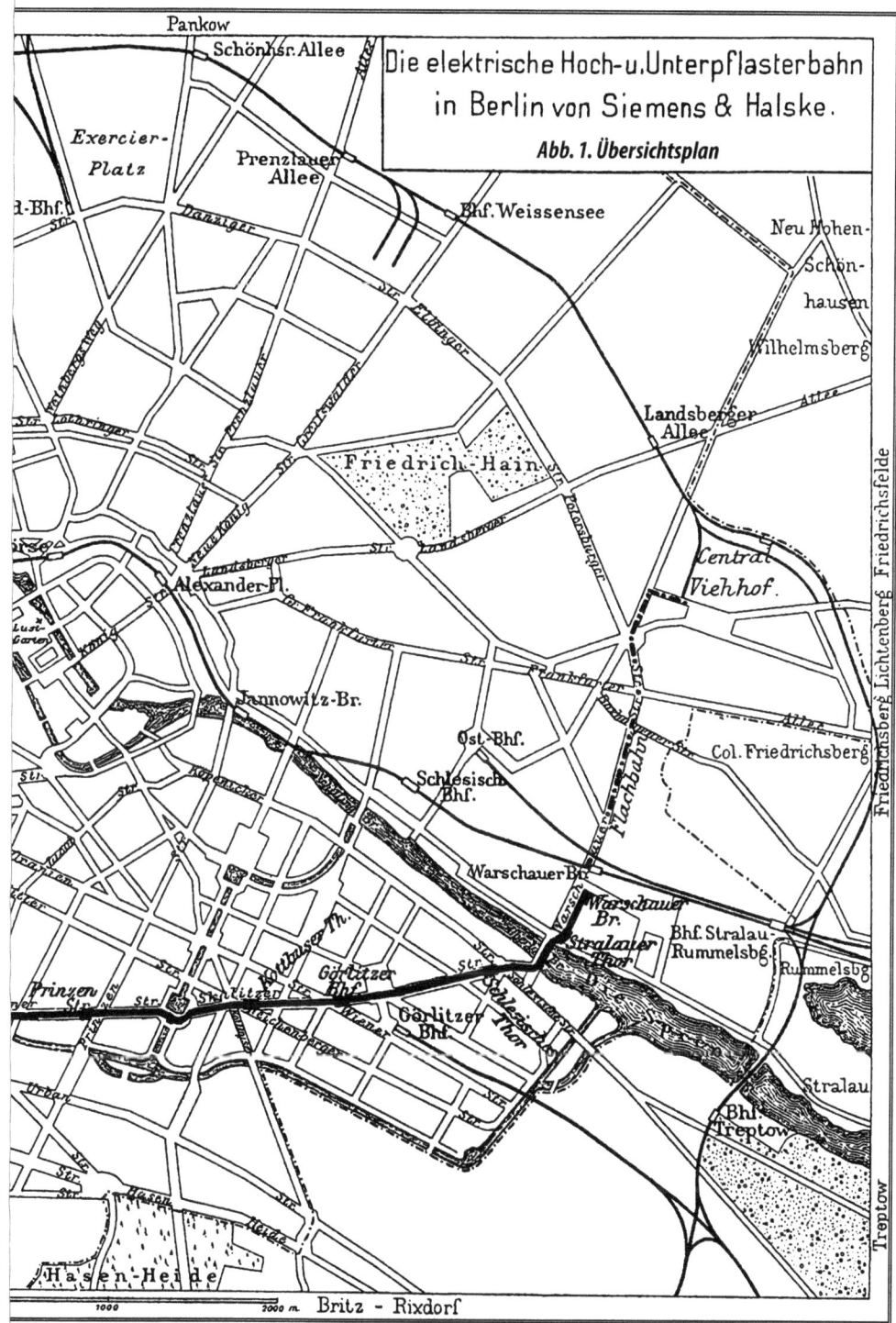

Die elektrische Hoch- u. Unterpflasterbahn in Berlin von Siemens & Halske.

Abb. 1. Übersichtsplan

lichen Zubehör zu erwerben. In diese sämtlichen Verträge ist die **Gesellschaft für Hoch- und Untergrundbahnen** am 17.7.1897 eingetreten, der **A.G. Siemens & Halske** ist dagegen die Ausführung der Bahn und der Betrieb für das volle erste Betriebsjahr verblieben.

Während die elektrische Stadtbahn, die mit Ausnahme des 0,4 km langen Stückes zum Potsdamer Platz, das auf alle Fälle als Untergrundbahn hergestellt werden musste, ausschließlich als Hochbahn geplant und als solche entworfen, zum erheblichen Teil in den östlichen Straßen auch schon ausgeführt war, machte sich gegen die weitere Fortsetzung als Hochbahn eine lebhafte Bewegung geltend, so dass sich die Gesellschaft auf Anregung der Stadtgemeinden veranlasst sah, die weitere Fortführung als Untergrundbahn, das eine Mal schon vom Halleschen Ufer an, das andere Mal nach Kreuzung der Potsdamer Bahn zu veranschlagen, trotzdem vertraglich ja schon die Ausführung als Hochbahn genehmigt war. Mit Rücksicht auf die sehr beträchtlichen Mehrkosten verzichtete die Stadt Berlin jedoch schließlich auf die Umwandlung in eine Untergrundbahn innerhalb ihres Weichbildes, während mit Charlottenburg eine Einigung dahin zustande kam, dass die Bahn von der Eisenacher-Straße an ganz als Untergrundbahn hergestellt werden sollte. Diese Ausführung bietet für die Gesellschaft trotz höherer Kosten auch Vorteile, so namentlich die Möglichkeit der Weiterführung in das Herz von Charlottenburg, wozu sich die Stadtgemeinde verstand, während die Hochbahn an der Stadtbahn am Zoologischen Garten, wenn man sie hier nicht stumpf hätte endigen wollen, nur durch Herstellung einer äußerst komplizierten Überbrückung über die Stadtbahn hin-

weg hätte geführt werden können. Außerdem ergab sich auch ein Vorteil für die Linienführung und die Kosten an der Kaiser-Wilhelm-Gedächtniskirche, weil dort aus ästhetischen Gründen eine so weite Zurückschiebung der Hochbahnlinie verlangt war, dass man das teure Eckgrundstück an der Tauentzienstraße und dem Kurfürstendamm (Liebermann) hätte ankaufen und durch die Durchführung der Hochbahn wesentlich hätte entwerten müssen. Die Stadtgemeinde Charlottenburg übernahm bei einer Ausführung als Unterpflasterbahn gleichzeitig die Kosten für die Verlegung der der Stadtgemeinde gehörigen Leitungen vom Nollendorfplatz bis zum Wilhelmplatz, welche bei der Hochbahn vertragsmäßig der Gesellschaft zur Last fielen. Bei diesen Verhandlungen über die Umwandlung eines Teiles der Hochbahn in eine Untergrundbahn spielte sich ein heftiger Kampf ab um die Stelle, an welcher der Übergang von der Hochbahn zur Untergrundbahn stattfinden sollte, eine für den Querverkehr in den Straßen ja recht unbequeme und auch ästhetisch schwierig auszubildende Anlage, die jede Gemeinde gerne der anderen zuschieben wollte, und es wurden mancherlei eigenartige Vorschläge für die Lösung dieser Aufgabe gemacht. Die Umgestaltung des ursprünglichen Planes erhielt die kgl. Genehmigung am 4. Dezember 1899.

b) Linienführung und Krümmungsverhältnisse, Höhenlage und Steigungsverhältnisse

Die Linienführung ist aus dem Lageplan *Abb. 1* ersichtlich. Der östliche, abgesehen von der letzten Strecke der Abzweigung zum Potsdamer Platz, ganz als Hochbahn ausgeführte Teil beginnt bei der Station Warschauer Brücke der Berliner Stadtbahn, kreuzt die Spree auf der für diesen Zweck entsprechend ausgebildeten Oberbaumbrücke und durchschneidet dann folgende Straßen und Plätze: Oberbaumstraße, Am Schlesischen Tor, Skalitzer Straße, Am Kottbusser Tor, Am Wassertor, Gitschiner Straße, Am Halleschen Tor, Hallesches Ufer, folgt also im Wesentlichen dem Verlauf der alten Stadtmauer. Er überschreitet sodann die Anhalter Bahn und den Landwehrkanal, durchbricht den Baublock zwischen Trebbiner und Luckenwalder Straße, geht auf das eisenbahnfiskalische Gelände der Dresdener und Potsdamer Bahn über, wendet sich hier nördlich, überschreitet zum zweiten Mal den Landwehrkanal und steigt dann neben den neuen, in den Potsdamer Bahnhof eingeführten Vorortgleisen der Anhalter Bahn auf dem Hintergelände der Häuser der Köthener Straße mit einer Rampe herab, um neben dem Hauptbahnhof der Potsdamer Bahn an der Königgrätzer Straße als Unterpflasterbahn vorläufig stumpf zu enden. Der westliche Zweig verfolgt denselben Weg rückwärts bis zu der nach Norden gerichteten Wendung des östlichen Zweiges, mit dem er außerdem durch eine zweite Anschlusskurve verbunden ist, folgt noch eine Strecke südlich dem Lauf der Ringbahn, überschreitet die Vorortgleise der Anhalter Bahn, die Gleise der Ringbahn, Potsdamer und Wannseebahn, durchbricht eine Häusergruppe Ecke Bülow- und Dennewitzstraße und folgt dann dem Zug der Bülowstraße als Hochbahn bis zum Nollendorfplatz, steigt westlich desselben mit Rampe unter die Straße hinab und folgt wieder als Untergrundbahn dem großen Ringstraßenzug der Kleist-, Tauentzien-, Hardenbergstraße,

wobei die Kaiser-Wilhelm-Gedächtniskirche östlich umgangen wird. Während die Linie innerhalb der Straßen, abgesehen von der Umgehung der beiden Kirchen, durchweg in der Mitte des mittleren Promenadenstreifens geführt ist, liegt sie in der Hardenbergstraße auf dem südwestlichen Vorgartengelände, welches zwecks Verbreiterung dieser Straßen von der Stadtgemeinde Charlottenburg bereits erworben worden ist. Die Fortsetzung der Unterpflasterbahn in der Hardenbergstraße bis zum Knie ist bereits festgelegt und auf der ersteren Strecke bis zur Fasanenstraße auch schon in Angriff genommen.

Die Gesamtlänge der z. Z. in Betracht kommenden Linie bis zum Bahnhof ZOOLOGISCHER GARTEN, einschließlich der Abzweigung zum Potsdamer Platz beträgt 10,1 km. Hiervon entfällt nur ein ganz kleiner Teil von 210 m in der Bülowstraße östlich des Nollendorfplatz auf das Gebiet der Stadtgemeinde Schöneberg, deren Widerstand gegen die Ausführung der Hochbahn in keinem Verhältnis zu der Bedeutung ihres Anteils an dem ganzen Unternehmen stand. Der Löwenanteil mit 6,1 km liegt auf Berliner Gebiet; hierzu kommen 1,7 km auf Charlottenburger, 1,6 km auf eisenbahnfiskalischem Gebiet, während etwa 0,5 km auf eigenem Grund und Boden liegen. Einschließlich der drei Endbahnhöfe ZOOLOGISCHER GARTEN, POTSDAMER PLATZ und WARSCHAUER BRÜCKE sind noch zehn Zwischenstationen angeordnet, die mit den wichtigsten Verkehrsknotenpunkten zusammenfallen (vgl. den Plan *Abb. 1*). Der mittlere Stationsabstand beträgt demnach 0,92 km, der größte zwischen der Haltestelle BÜLOWSTRASSE, an der Kreuzung der Potsdamer Straße, und POTSDAMER PLATZ 1,94 km, der kleinste zwischen

WARSCHAUER BRÜCKE und STRALAUER TOR nur 0,34 km. Auf der Hauptstrecke ZOOLOGISCHER GARTEN – WARSCHAUER BRÜCKE ergibt sich sogar nur eine mittlere Entfernung von 0,79 km (Berliner Stadtbahn auf der gleichen Strecke 1,14 km). Von den 13 Stationen liegen nur Haltestelle ZOOLOGISCHER GARTEN, POTSDAMER PLATZ und WITTENBERGPLATZ unter der Straße.

Die Linienführung gestattete im Allgemeinen die Anwendung schwacher Krümmungen, die meist nicht unter 100 m herabsinken. Nur bei der Umgehung der Kaiser-Wilhelm-Gedächtniskirche ist ein kleinerer Halbmesser von 80 m (beim ursprünglichen Hochbahnentwurf 60 m) erforderlich geworden *(vgl. Abb. 2)*. Die Krümmungsverhältnisse sind also überall derart, dass die Kurven mit den, mit zwei doppelachsigen Drehgestellen ausgerüsteten, Wagen ohne Verminderung der Geschwindigkeit durchfahren werden können, was als ein wichtiges Erfordernis einer dem Schnellverkehr dienenden Stadtbahn anzusehen ist[1]. Von der gesamten Strecke liegt etwa ¼ der Länge in Krümmungen.

---

1) In Budapest sinkt der Halbmesser der Untergrundbahn auf 40 m herab, wodurch eine Ermäßigung der Fahrgeschwindigkeit in diesen Krümmungen bedingt wird.

Die Höhenlage der Schienenoberkante ist bei der Hochbahn im Wesentlichen bedingt durch die hier einzuhaltende Lichthöhe über den Straßenkreuzungen. Dies Maß ist mit Rücksicht auf die Oberleitungen der Straßenbahnen auf 4,55 m festgesetzt (bei der Stadtbahn nur 4,50 m). An der Westseite des Nollendorfplatz konnte diese Höhe mit Rücksicht auf die Rampen-Entwicklung nicht eingehalten werden. Die westliche Umfahrt ist daher hier nicht mehr für Fuhrwerk, sondern nur für Fußgänger benutzbar. Anstelle dieser Umfahrt war eine breite Querstraße im Zuge der Motzstraße vorgesehen. Für die Kreuzung der Potsdamer und Ringbahn ist eine Lichthöhe von 4,80 m, für die der Anhalter Bahn mit Rücksicht auf etwaige Änderungen in der Höhenlage von 5,30 m vorgeschrieben worden. Über den Mittelpromenaden hatte die Feuerwehr, um an jeder Stelle mit ihren Wagen und Spritzen durchpassieren zu können, das lichte Maß von mindestens 2,80 m unter den Viadukten verlangt. Für die Untergrundbahn war einerseits eine für die Wagen-Konstruktion günstige Lichthöhe zu wählen, während andere Gründe, namentlich die Kostenfrage und die bequeme Zugänglichkeit der Haltestellen wieder für möglichste

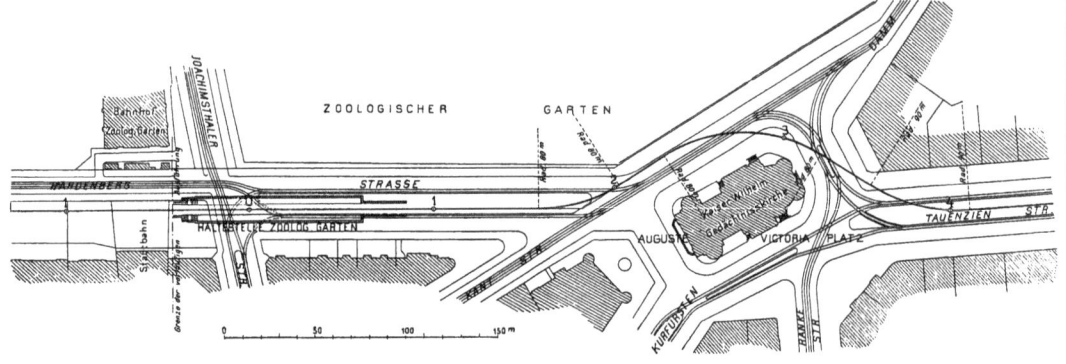

| Abb. 2. Lageplan der Untergrundbahn an der Kaiser-Wilhelm-Gedächtniskirche.

Herabminderung der Höhe sprechen. Es wurde eine Lichthöhe von 3,30 m gewählt[1], dazu kommt eine Konstruktionshöhe einschl. Überschüttung von 0,90 – 1,20 m. Die Untergrundbahn erreicht in der Hardenbergstraße mit Schienenoberkante auf + 28,85 N. N. ihren tiefsten Punkt, die Hochbahn dagegen den höchsten in dem sogenannten Anschlussdreieck *(vgl. Abb. 3)* auf dem eisenbahnfiskalischen Gelände mit + 48,44 N. N., so dass sich ein Höhenunterschied von fast 20 m ergibt.

Die Steigungsverhältnisse sind im Allgemeinen, entsprechend der ebenen Lage der durchzogenen Straßen, mäßige und überschreiten 1:100 auf der freien Strecke nicht. Nur im Anschlussdreieck und bei den zur Untergrundbahn herabführenden Rampen treten Steigungen bis zu 1:38 auf. Eine Ausnahme bildet die Rampe hinter dem Nollendorfplatz mit einer Steigung von 1:32.

---

1) In Budapest nur 2,75 m, was sehr komplizierte Wagenkonstruktion zur Folge hatte. Dort war ein zwingender Grund die Höhenlage eines nicht verlegbaren Hauptsammlers in der Andrássy Straße

Abb. 3. Anschluss-Dreieck der Hochbahn auf dem eisenbahnfiskal. Gelände und Überschreitung des Potsdamer Außenbahnhofs.

c) Betriebsart, Spurweite, Normalprofil des freien Raumes

Für die Wahl der Betriebsart bei einer von einer Erwerbsgesellschaft zu erbauenden neuen Stadtbahn waren zwei Punkte im Wesentlichen ausschlaggebend: die Höhe der Anlagekosten der ganzen Bahn sowie die Möglichkeit rascherer Zugfolge und größerer Geschwindigkeit, als auf den bestehenden Verkehrsanlagen. Beide Forderungen werden erfüllt durch den elektrischen Betrieb, namentlich durch den Betrieb mit Motorwagen. Bezüglich der Herabsetzung der Kosten kommt in Betracht, dass bei einem derartigen Betrieb die Bahn sich mit schärferen Krümmungen und Steigungen weit mehr dem Gelände anpassen kann, so dass namentlich kostspieliger Grunderwerb erspart wird, und dass die Achsdrücke erheblich geringer werden, als bei Lokomotivbetrieb, so dass ein weit leichterer

Unterbau hergestellt werden kann und, was auch von hoher Bedeutung, die Betriebserschütterungen geringer werden. Während bei der alten Stadtbahn mit Achsdrücken von 14 t gerechnet werden musste, waren bei der Hochbahn nur 6 t anzunehmen, also weniger als die Hälfte. Der Betrieb mit Motorwagen[1] hat gegenüber dem Lokomotivbetrieb ferner den Vorteil, dass die Züge auf den Zwischenhaltestellen rascher anfahren, auf den Endhaltestellen ohne Umkehrung zurückfahren können. Neben einer Vereinfachung der Endstationen ist also der Vorteil einer rascheren Zugabfertigung auf den Haltestellen, daher eine kürzere Fahrzeit für die Gesamtstrecke und eine raschere Zugfolge zu erzielen. In Aussicht genommen ist ein Zugabstand von vorerst 5 und demnächst 2 ½ Minuten in jeder Richtung. Die Züge sollen zunächst aus drei Wagen – je ein Motorwagen am Kopf und Ende – zusammengesetzt werden. Sie fassen dann 120 Personen, wobei nur die Sitzplätze gerechnet, die Stehplätze dagegen außer Ansatz geblieben sind. Bei stärkerem Verkehr ist ein zweiter Anhängewagen in Aussicht genommen und schließlich die Zusammenstellung zweier Normalzüge zu einem solchen von sechs Wagen. Nach den bisherigen Fahrversuchen mit den Zügen der elektrischen Stadtbahn auf der Versuchsstrecke von Siemens in Lichterfelde hofft man die Fahrzeit zwischen Zoologischem Garten und Schlesischem Tor, die auf der Stadtbahn etwa

1) Bei den amerikanischen Stadtbahnen ist vielfach der Betrieb mit Motorwagen eingeführt, z. B. in Chicago. In England dagegen, z. B. in London, hat man an dem Betrieb mit elektrischen Lokomotiven festgehalten.

42 Minuten beträgt, auf 20 Minuten herabzudrücken. Die Fahrgeschwindigkeit soll dabei jedenfalls 25 km/h betragen (Stadtbahn 20 km/h), man hofft dieselbe aber bis 30 km/h steigern zu können.

Als Spurweite ist die Normalspur gewählt, wohl in erster Linie deshalb, weil man die Möglichkeit des Überganges der Betriebsmittel der elektrischen Stadtbahn auf andere Verkehrsanlagen immerhin offen halten wollte.

Das Normalprofil des lichten Raumes wird später im Zusammenhange mit den Betriebsmitteln dargestellt werden. Es galt hier wiederum, um die Kosten der Anlage herabzusetzen, eine möglichste Beschränkung herbeizuführen, jedoch unter voller Aufrechterhaltung der Bequemlichkeit der Reisenden und der Zweckmäßigkeit der Konstruktion. Aus letzterem Grunde ist man, wie schon erwähnt, nicht so weit in der Höhenbeschränkung gegangen wie in Budapest, sondern hat den Wagenkastenboden über die Räder gelegt, wodurch auch die Unterbringung der Motoren wesentlich erleichtert wird. Die Höhe der Wagen von Schienen-Oberkante stellt sich dann auf 3,18 m, die Breite des Wagenkastens auf 2,30 m. Da die Wagen mit Schiebetüren ausgerüstet sind, so ist die Breite des lichten Profils (in der freien Strecke) nur auf 2,78 m bemessen, während die Höhe auf 3,30 m festgesetzt ist.

Selbstverständlich ist die ganze Strecke der Stadtbahn zweigleisig hergestellt. Die Gleisentfernung in der Geraden beträgt bei der Hochbahn 3 m, bei der Untergrundbahn 3,24 m, weil dort Stützen zwischen den Gleisen angeordnet sind.

II.

Die Untergrundbahn

a) Ausgestaltung

Der Übergang von der Untergrundbahn zur Hochbahn ist in *Abb. 4* wiedergegeben, das Längsprofil der westlich. Untergrundbahn-Strecke ist in *Abb. 5* bis zum Anfang der Rampe zur Darstellung gebracht. Die Tiefenlage der Bahn unter der Straße ist natürlich so knapp als möglich gewählt. Mit Rücksicht darauf, dass über dem Tunnel auf der Mittelpromenade Rasen angelegt und seitlich neben den Bordschwellen wieder Bäume gepflanzt werden sollen, ist eine Überschüttungshöhe bis zu 70 cm gewählt worden. Es ergibt sich dann von Unterkante der Deckenträger gerechnet eine Konstruktionshöhe bis 1,20 m[1]).

Für die Abzweigung zum Potsdamer Platz ist das Längsprofil nicht besonders zur Darstellung gebracht. Die Hochbahn liegt dort nach der Überschreitung des Landwehrkanals und des Ufers (Königin-Augusta-Straße) etwa auf +40,5 N.N. Sie fällt dann mit 1:38 bis zum Anfang der End-Haltestelle, deren Schienenoberkante im Wesentlichen waagerecht auf +31,0 N.N. liegt. Der gesamte überwundene Höhenunterschied stellt sich also auf 9,5 m. Die Tiefenlage des Tunnels unter der Straße ist hier etwa dieselbe wie im Westen.

Der normale Querschnitt der Untergrundbahn im Westen ist in *Abb. 6* in

1) In Budapest beträgt diese Höhe in Asphaltstraßen nur 0,60 m, in gepflasterten Straßen 0,85 m

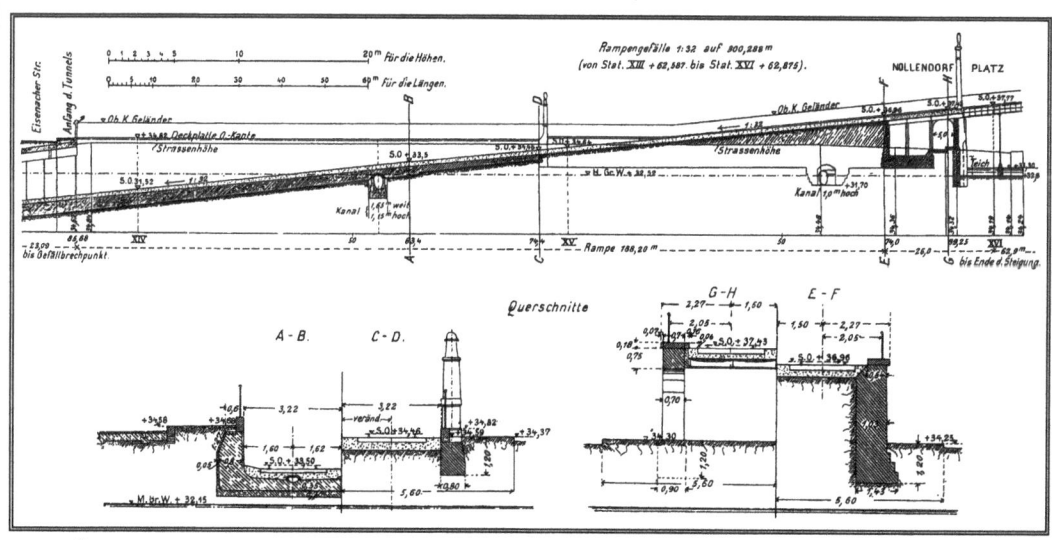

Abb. 4. Übergang der Untergrundbahn in die Hochbahn am Nollendorfplatz. Längs- und Querschnitte. |

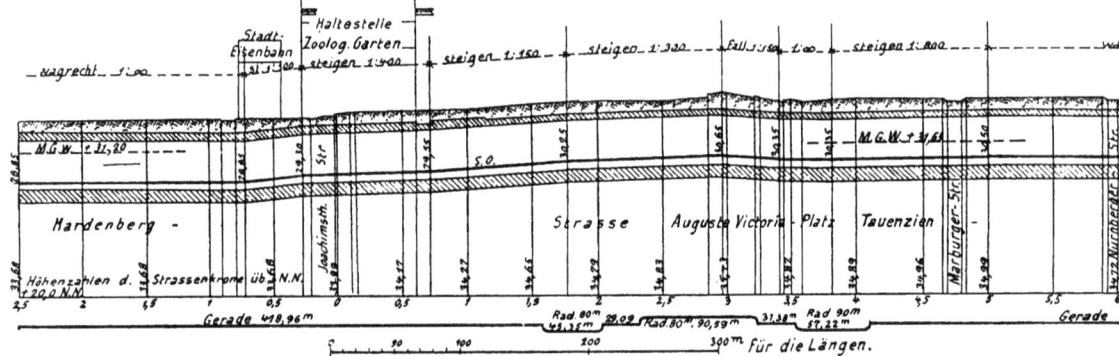

Abb. 5. Längsprofil der westlichen Untergrundbahn-Strecke.

der freien Strecke, in *Abb. 7* in einer Haltestelle dargestellt.

Der Tunnel-Querschnitt ist zur Verringerung der Konstruktionshöhe der Decke durch eine Stützenreihe geteilt, welche mittels Unterzuges die Decken-Querträger stützt. Es bietet das auch den Vorteil, dass zwischen den Gleisen ein Bankett entsteht, welches den Arbeitern als Zufluchtplatz und auch zur Ablegung von Materialien dienen kann. Wie aus *Abb. 6 b* hervorgeht, sind diese Unterzüge immer nur über zwei Stützen hinweggeführt, um durchgehende Träger zu vermeiden und die Trägerquerschnitte besser auszunutzen.

Die Tunneldecke ist so stark ausgeführt, dass dieselbe an jeder Stelle eine Belastung von 20 t-Wagen (Raddruck mit Rücksicht auf Stöße zu 6 t gerechnet) bzw. durch eine 23 t schwere Dampfwalze aushalten kann. Die Decken-Konstruktion der Straßen-Kreuzungen unterscheidet sich daher an sich nicht von derjenigen unter den Promenaden. Stellenweise ist jedoch mit Rücksicht auf die geringere Konstruktionshöhe die Einlage niedrigerer Querträger in dichteren Abständen erforderlich geworden.

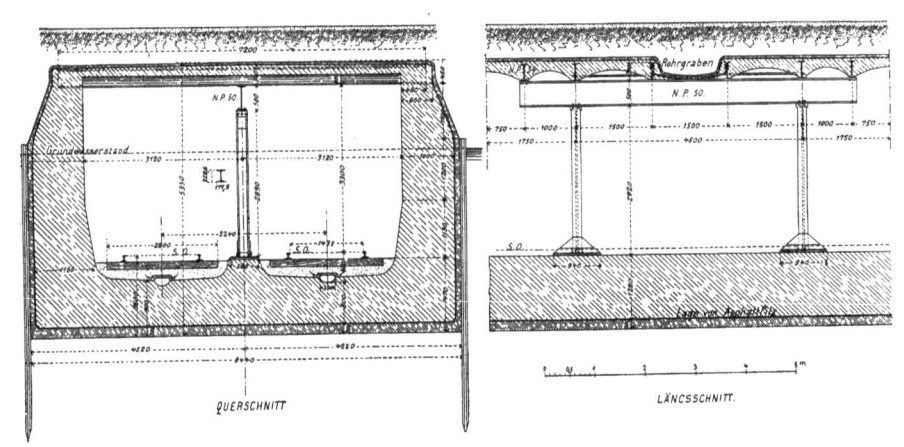

QUERSCHNITT.   LÄNGSSCHNITT.

Abb. 6 a + b. Regelmäßiger Quer- und Längsschnitt der westlichen Untergrundbahn-Strecke.

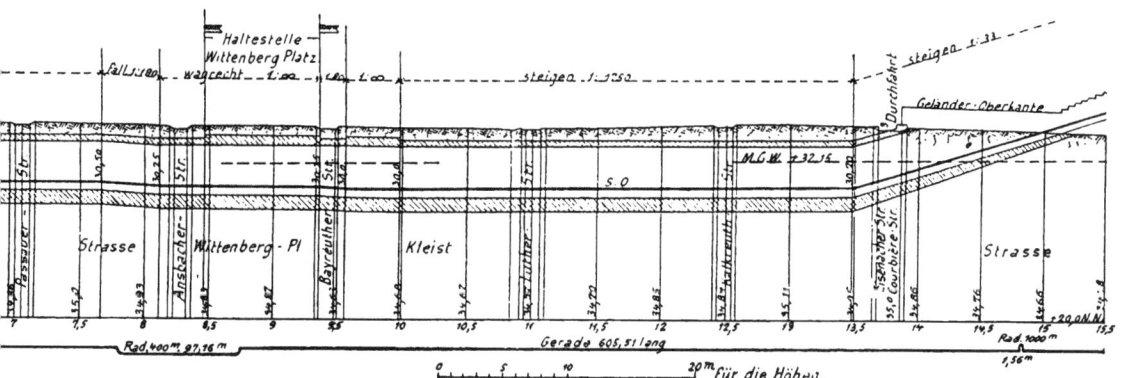

Die gesamten Tunnelwände sowie die Decken sind in Stampfbeton hergestellt. Da der Tunnel zu etwa ⅔ seiner Höhe im Grundwasser liegt, so war eine besondere sorgfältige Abdichtung der Sohle und der Seitenwände erforderlich. Dieselbe ist hergestellt durch eine 3-fache Lage von Asphaltpappe, in jeder Lage sorgfältig mit Goudron überstrichen, die bis 20 cm über den höchsten Grundwasserstand reicht. Diese Dichtung wird von oben durch eine einfache Lage überlappt. Die zwischen den Decken-Querträgern ebenfalls in Beton gestampfte Decke ist mit einer doppelten Schicht von Asphaltpappe überdeckt.

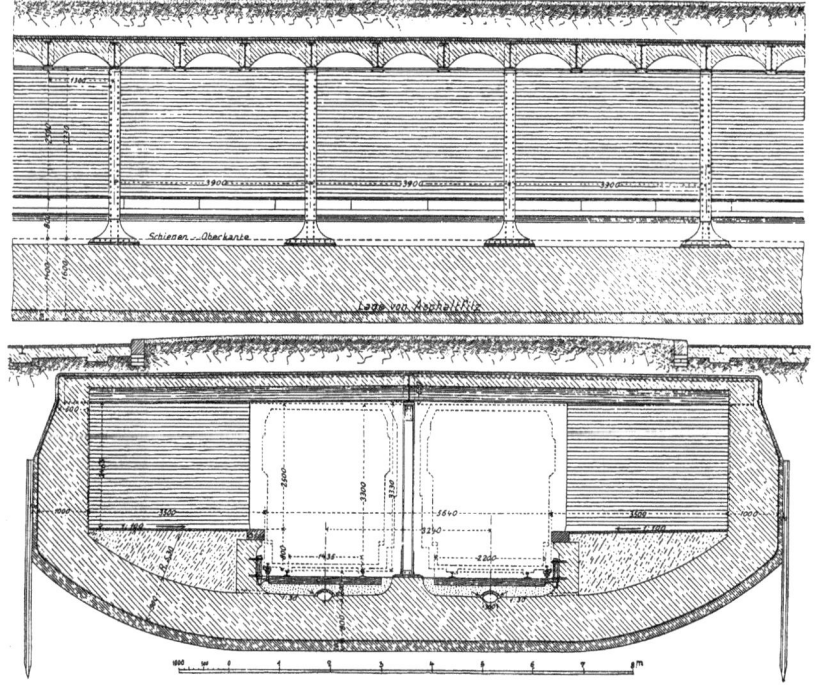

Abb. 7. Quer- und Längsschnitt der Haltestelle Wittenbergplatz.

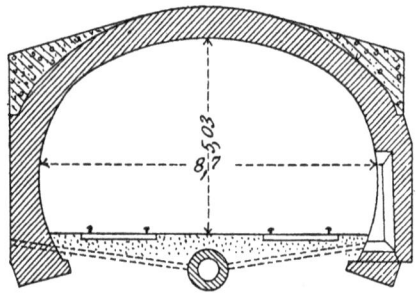

Abb. 8. Metropolitan Eisenbahn in London.

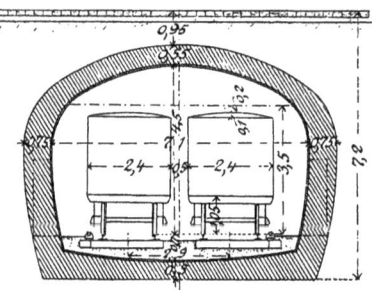

Abb. 9. Tunnel der Pariser Stadtbahn.

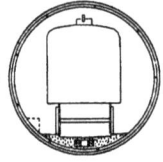

Abb. 10. Spreetunnel bei Berlin.

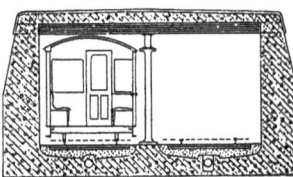

Abb. 11. Unterpflasterbahn in Budapest.

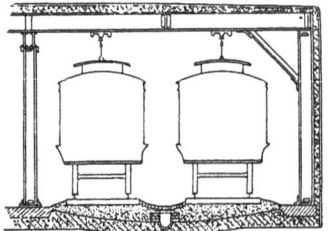

Abb. 12. Unterpflasterbahn in Boston.

Zum Schutz der Dichtungen ist die Fundamentsohle zunächst mit einer 20 cm starken Lage von Sandbeton, Mischung 1:6, abgeglichen, während an den Seiten wänden eine solche Schicht 10 cm stark hergestellt ist. Über der Abdeckung folgt wieder zum Schutz eine 10 cm starke Schicht Sandbeton 1:3, dann der Kiesbeton, der aus 1 Teil Portlandzement zu ½ Teil hydraul. Kalk zu 7 Teilen Kies besteht.

Die Baugrube ist, da auf beiden Seiten unmittelbar neben derselben während des Baues der Betrieb der elektrischen Straßenbahnen und der übrige Fuhrwerksverkehr aufrechtzuerhalten waren, beiderseits mit 12 cm starken Holzspundwänden eingefasst. Nur längs der Strecke, auf welcher sich die Bahn der Kaiser-Wilhelm-Gedächtniskirche bis auf 5 m nähert, hat man eine Ausnahme gemacht, da hier alle Erschütterungen vermieden werden mussten. Hier sind eiserne **I**-Träger mit leichten Handrammen unter Wasserspülung eingerammt, zwischen welchen Bohlhintersetzungen eingebracht wurden. Wir kommen hierauf später noch bei der Ausführung zurück.

Zu erwähnen ist noch, dass alle 25 m im Tunnel seitliche Nischen als Zuflucht für die Arbeiter, Aufstellung von Geräten usw. angebracht sind.

Zur Beseitigung des an den offenen Haltestellen eindringenden Tagwassers und des Drängwassers an etwaigen undichten Stellen sind in der Tunnelsohle zwei Rigolen angeordnet, die mit Platten aus Stampfbeton abgedeckt sind. *Abb. 6 a* zeigt die Form, wie sie allgemein zur Anwendung gekommen ist. Das sich sammelnde Wasser wird

Abb. 8 – 12. Tunnel-Querschnitte einiger Untergrundbahnen

am tiefsten Punkte, wenn erforderlich durch eine kleine Pumpenanlage, abgepumpt werden.

Der lichte Tunnelquerschnitt in den geraden Strecken (in den Krümmungen sind natürlich Erweiterungen erforderlich) stellt sich auf rd. 21 m². Es wird nicht uninteressant sein, hier einen Vergleich mit anderen Untergrundbahnen zu ziehen. Es sind daher verschiedene Beispiele im gleichen Maßstab gezeichnet in den *Abb. 8 – 12* zusammengestellt, die keiner weiteren Erläuterung bedürfen.

In den Haltestellen der Untergrundbahn ist das Profil auf 12,64 m in der Breite erweitert, da beiderseits je ein 3,5 m breiter Bahnsteig hinzutritt, während der Abstand zwischen den Bahnsteig-Vorderkanten auf 5,64 m bemessen ist. Um an Höhe zu sparen, sind die Deckenquerträger hier in gleiche Höhe mit dem Unterzug gelegt. Die übrige Anordnung ist aus den *Abb. 7* ersichtlich. Zu bemerken ist jedoch, dass die Sohle

bei der Ausführung nicht abgerundet, sondern abgetreppt hergestellt worden ist. Auch die Befestigung der elektrischen Arbeitsleitung ist etwas anders geworden. Die mit Rücksicht auf möglichst schnelle und bequeme Entleerung und Füllung der Züge 80 cm über der Schienenoberkante hohen Bahnsteige sind mit Stampfbetonmauern mit Granitabdeckung eingefasst und mit Gussasphalt gedeckt (POTSDAMER PLATZ mit Eisenklinkern). Die Wände der Bahnhöfe sind mit weißen Kacheln verkleidet, während die Tunnelwände nur glatt geputzt sind.

Ähnlich ist die Anordnung der Tunnelstrecke der Abzweigung nach dem Potsdamer Platz und der Haltestelle selbst, vgl. *Abb. 13*. Mit Rücksicht auf die große Nähe der vorhandenen Baulichkeiten sind hier jedoch Spundwände zur Einfassung der Baugruben nicht in Anwendung gekommen. Da für die vollen Wandstärken nicht überall Platz war, ist in die Seitenwände z. T. Eisen in

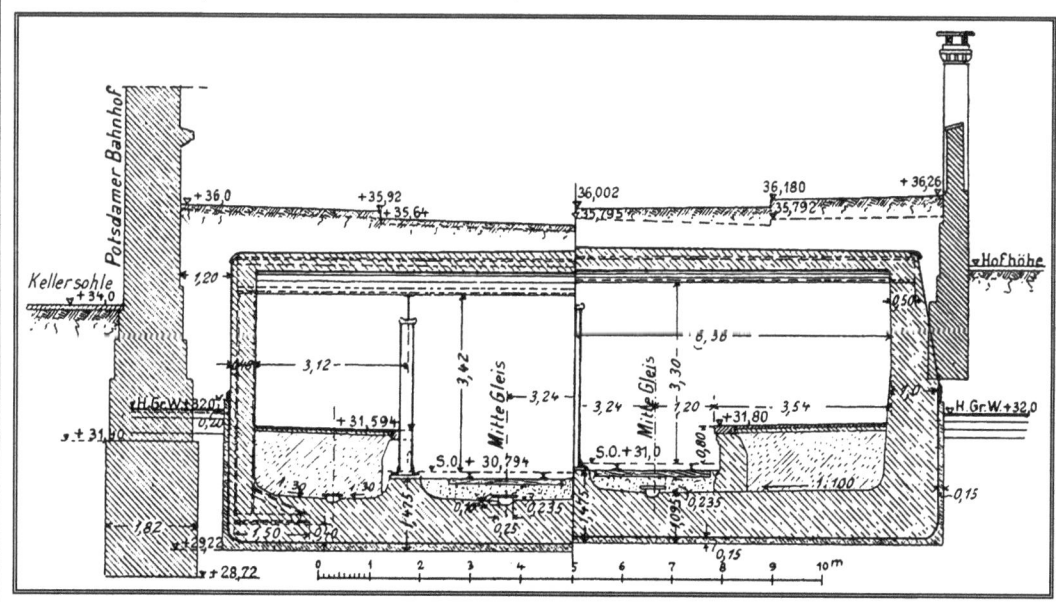

Abb. 13 a + b. Querschnitt der Haltestelle am Potsdamer Platz.

einzelnen Rahmen eingelegt, wie unsere *Abb. 13 a* zeigt. Die Breitenverhältnisse des Bahnhofes selbst sind sehr verschiedene, da dieser neben den Hauptgleisen noch einige Aufstellungsgleise nebst den zugehörigen Verbindungen enthält. Die Breiten schwanken zwischen 7,25 m und 20,9 m. Demgemäß ist auch die Konstruktion der Decke verschieden. Es sind Strecken ohne Zwischenstützen, mit 1 und mit 2 Stützen vorhanden.

Abweichend von der bisher beschriebenen Konstruktion ist die Ausbildung der bis unter die Königgrätzer Straße reichenden Tunnelstrecke, welche einstweilen ein Ausziehgleis aufnimmt und später den Anschluss für die Fortführung der Untergrundbahn nach dem Inneren der Stadt vermitteln soll. Diese Strecke ist nur eingleisig angelegt. Da seitens der Stadtgemeinde in der Königgrätzer Straße eine Untergrundbahn geplant ist, die unter der Fortsetzung der Erweiterungslinie von Siemens & Halske hindurchgeführt werden soll, so war für dieses letzte Stück der jetzt hergestellten Untergrundbahn eine so tiefe Gründung vorgeschrieben, dass der Tunnel durch den späteren Bau der städtischen Linie keinesfalls gefährdet würde. Die Fundamentsohle des mit Luftdruck gegründeten 22 m langen Tunnelstückes ist daher bis 12 m unter Straße und bis 9 m unter höchstes Grundwasser herabgeführt. Die Tunnelwandung enthält hier ein vollständiges Rahmenwerk von Eisen, während der Senkkasten in Holz hergestellt ist, vgl. *Abb. 14*.

Schließlich ist auch die Ausbildung der Rampe in der Kleiststraße durch einige Querschnitte erläutert, vgl. die *Abb. 4*.

Die Bahnhöfe der westlichen Untergrundbahnstrecke bieten nichts Besonderes. Die Haltestelle Wittenbergplatz ist eine einfache Durchgangsstation, die z. T. in einer Krümmung von 400 m Halbmesser, im Übrigen ganz waagerecht liegt. Die beiden Zugänge zu den 87 m langen Bahnsteigen liegen an der Ansbacher Straße. Hinter dem südlichen Treppenzugang ist ein Kassenhäuschen geplant.

Die Endhaltestelle Zoologischer Garten besitzt vorläufig nur zwei Gleise, die vor der Einfahrt eine Gleisverbindung erhalten, um den Übergang der Züge von dem einen zum anderen Gleis zu ermöglichen. Sobald die weitere Strecke der Bahn bis zur Fasanenstraße fertig ist, soll hier ebenfalls ein Ausziehgleis

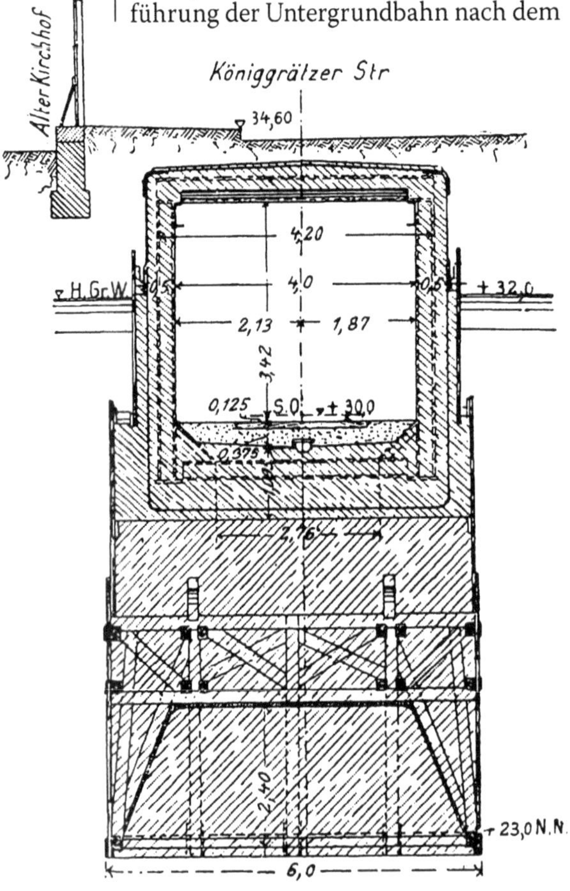

Abb. 14. Querschnitt der mit Luftdruck gegründeten Tunnelstrecke.

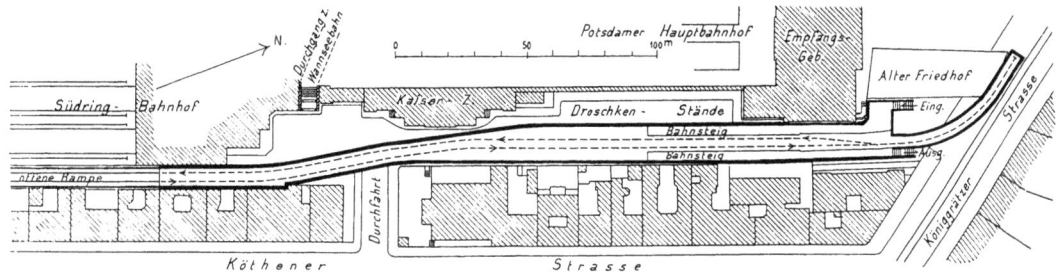

Abb. 15. Lageplan der Haltestelle am Potsdamer Platz.   **Abb. 16. Gleisplan.**

hinter der Haltestelle angelegt werden, um bei der geplanten Betriebsverstärkung (2 ½ Minuten Zugfolge) die Züge schneller abfertigen zu können. Bis dahin wird der Betrieb mit einigen Unbequemlichkeiten verbunden sein.

Die Haltestelle ist mittels Treppenanlagen, die unter der Stadtbahn-Überführung liegen, zugänglich und hat 80 m lange Bahnsteige. Die Treppenanlagen, die, wie überall, für Zu- und Abgang getrennt sind, münden hier, ebenso wie an der Haltestelle Potsdamer Platz, offen aus und sind nur mit Geländern eingefasst.

Umfangreicher sind die Anlagen des Bahnhof POTSDAMER PLATZ, dessen Grundriss in *Abb. 15*, der Gleisplan in *Abb. 16* wiedergegeben ist. Der Bahnhof besitzt ein Ausziehgleis, so dass die angekommenen Züge sofort auf das Abgangsgleis übergeführt werden können. Außerdem sind zwei kurze Aufstellungsgleise angeordnet, so dass hier einzelne Wagen für stärkeren Verkehr bereitgestellt werden können.

Die Bahnhöfe werden sämtlich elektrisch erleuchtet, voraussichtlich mit seitlich angebrachten abgeblendeten Bogenlampen.

Zum Schluss einer Beschreibung der Anordnung der Untergrundbahn sei noch darauf eingegangen, in welcher Weise das von dem Tunnel durchschnittene Netz der städtischen Leitungen wieder angeschlossen worden ist.

Bei den Gasrohren, von welchen auf der westlichen Strecke allein drei große Hauptrohre der Berliner Gasanstalten von 915 mm Durchmesser gekreuzt werden, ist die Lösung verhältnismäßig einfach gewesen. Wie *Abb. 6 b* zeigt, sind in der Decke des Tunnels für solche Zwecke muldenförmige Rohrgräben hergestellt. An diesen Stellen ist die Betondecke des Tunnels durch ein Hängeblech ersetzt, in welches die, der geringen Überschüttung wegen aus Schmiedeeisen hergestellten flachen Rohre eingelegt werden. *Abb. 17* zeigt die Überführung eines solchen, in zwei ovale Rohre geteilten Gasrohres von 915 mm Durchmesser an der Bayreuther Straße.

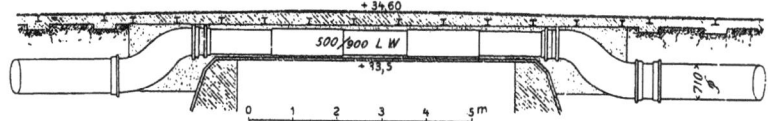
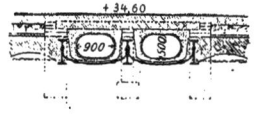

Abb. 17. Überführung eines Gas-Hauptrohrs über die Tunneldecke.

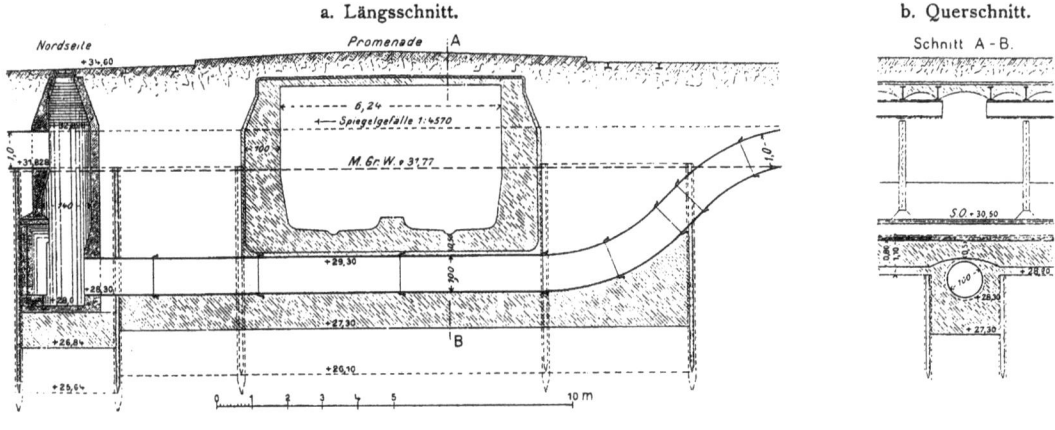

a. Längsschnitt. b. Querschnitt.

Abb. 18 a + b. Unterdückerung eines Regenüberfalls der Kanalisation. Abb. 18 c. Lageplan. →

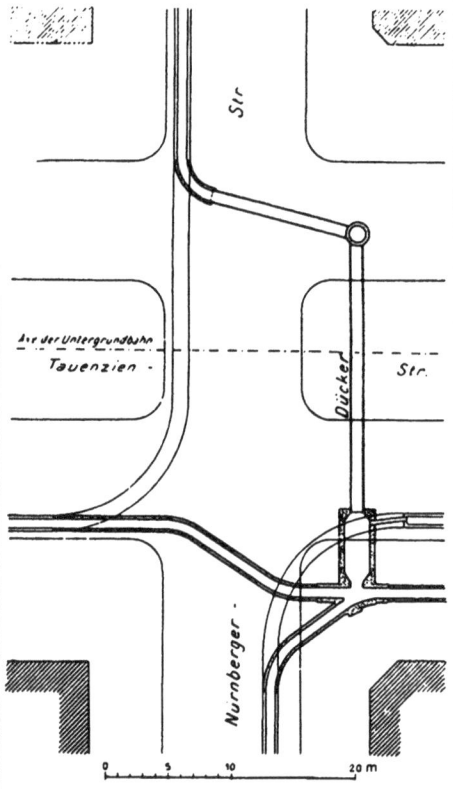

Schwieriger stellt sich die Sache mit den Leitungen und Kanälen der Kanalisation. Da grundsätzlich die Unterdückerung der den Tunnel kreuzenden Leitungen seitens der Kanalisations-Verwaltung abgelehnt war, so musste auf der Südseite des Tunnels von der Nürnberger Straße ab ein Parallelkanal neu angelegt und so weit bis zur Kleiststraße geführt werden, bis er unter der Rampe *(vgl. Abb. 4)* nach der Nordseite hindurchgeführt und alsdann durch die Courbièrestraße geleitet und schließlich an das vorhandene Kanalnetz in der Kurfürstenstraße angeschlossen werden konnte. Zur Sicherung des Betriebes bei großen Regenfällen wurden dann noch auf dem Auguste-Viktoria-Platz, an der Nürnberger- sowie an der Lutherstraße Regenüberfallrohre als Dücker unter dem Tunnel hinweggeführt *(vgl. die Abb. 18 a – c)*. Ein weiterer schon vorhandener Kanal kreuzt die Rampe vor dem Nollendorfplatz. Dort ist schon so viel Höhe vorhanden, dass es nur nötig war, den Kanal zu überbauen, um Erschütterungen und größere Auflasten von demselben abzuhalten. Schließlich ist noch im Zuge der Joachimsthaler Straße eine Unterdückerung für einen späteren von der Gemeinde Wilmersdorf zu erbauenden Notauslass mittels zweier eiserner Rohrleitungen von 1 m Durchmesser hergestellt.

24

b) Die Ausführung.

Das Charakteristische der Ausführung der Untergrundbahn ist sowohl im westlichen Teil wie bei der Abzweigung nach dem POTSDAMER PLATZ die ausgedehnte Anwendung der Grundwasser-Absenkung, eine Methode, die zwar nicht neu, innerhalb bewohnter Stadtteile aber in diesem Umfange bisher noch nicht befolgt worden ist. Bei der letztgenannten Strecke kommt dazu noch die Schwierigkeit der Bauausführung unter sehr beengten Verhältnissen unmittelbar längs bewohnter und nicht entsprechend tief gegründeter Gebäude.

Die bis zur Sohle 6–7 m tiefen Baugruben der westlichen Untergrundbahn-Strecke sind, wie schon erwähnt, mit Spundwänden umschlossen. Diese wurden anfangs, auf der Strecke vom Auguste-Viktoria-Platz bis zur Nürnberger Straße, vgl. *Abb. 19*, zweiteilig hergestellt, später einteilig, mit einer Bohlhintersetzung im oberen Teile, zuletzt in einem Stück bis zur Straße reichend,

wobei die bei der zweiteiligen Konstruktion zwischen den Wänden abgesenkten Rohrbrunnen in kleinen Bohlenschächten außerhalb eingetrieben wurden. Die erste Anordnung namentlich hat wegen der Schwierigkeit der Absteifung der oberen kurzen Spundwand erhebliche Zerstörungen und demzufolge kostspielige Erneuerungen im Pflaster und an den Gleisen der Straßenbahnen zur Folge gehabt.

An der Kaiser-Wilhelm-Gedächtniskirche, an welche die Untergrundbahn bis auf 5 m herantritt, sind zur Vermeidung von Erschütterungen anstelle der Spundwände in 1,5 m Abstand **I**-Eisen, Norm.-Prof. No. 24, unter Wasserspülung mit leichten Handrammen eingetrieben und mit dem Fortschritt der Baugruben-Austiefung mit Bohlen hintersetzt. Diese Ausführungsart ist sicher, hat sich gut bewährt und wird wahrscheinlich auch weiterhin zur Anwendung kommen.

Die Beschaffenheit des Untergrundes, der auf der westlichen Tunnelstrecke unter dem aufgeschütteten Boden aus

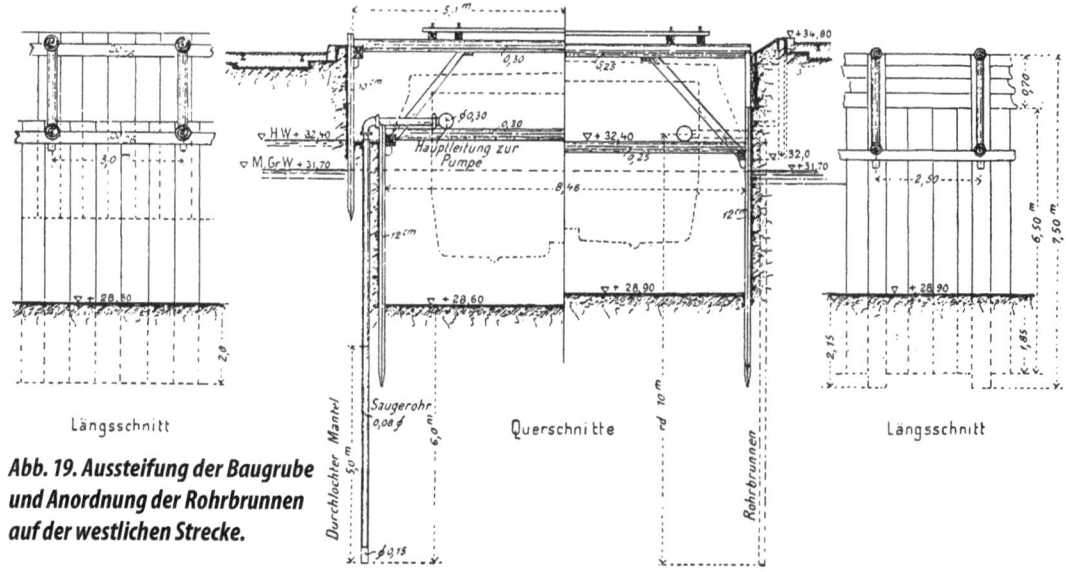

Abb. 19. Aussteifung der Baugrube und Anordnung der Rohrbrunnen auf der westlichen Strecke.

reinem, nach unten gröber werdenden Sande besteht – stellenweise durchsetzt mit sehr groben Geschieben, die dem Rammen der Spundwände einige Schwierigkeit bereiteten –, ließ die Anwendung des Verfahrens der Grundwasser-Absenkung als zweckmäßig erscheinen, ein Verfahren, das hier um so mehr am Platz war, als es einerseits darauf ankam, für den zu fast ⅔ seiner Höhe im Grundwasser liegenden Tunnel durchaus dichte Sohlen und Wände herzustellen, und da ferner auf alle Fälle erheblichere Nachsackungen im Straßenland vermieden werden mussten. Die notwendige Zahl der Brunnen, die Weite derselben usw. wurde durch längeren Probebetrieb festgestellt.

Die Tunnelstrecke wurde mit Rücksicht auf die Grundwassersenkung in mehrere Abschnitte geteilt, und für die einzelnen Strecken wurden dann in etwa 9 m

Abstand voneinander, wie *Abb. 19* zeigt, Rohrbrunnen von 150 mm Durchmesser bis etwa 10 m unter Grundwasser, d. h. 6 m unter Tunnelsohle abgesenkt. Der Grundwasserspiegel besitzt vom Nollendorfplatz bis zum Zoologischen Garten, wo sich schon der Einfluss des Unterwassers im Landwehrkanal geltend macht, etwas Gefälle. Während der Bauzeit wurde ein mittlerer Grundwasserstand von + 31,70 N. N. beobachtet. In diese, unten geschlossenen und auf die unteren 5 m mit durchbrochenem Kupfermantel versehenen Schutzrohre wurde das eigentliche Saugerohr, 80 mm stark, eingesetzt und an eine 300 mm im Durchmesser haltende, innerhalb der Baugrube verlegte Leitung angeschlossen, die zur Pumpe führte. Die Brunnen wurden beiderseits versetzt, außerhalb der Spundwände angeordnet und jede Reihe war an eine besondere Leitung

Abb. 20. Tunnel in der Ausführung nach Fertigstellung bis Grundwasserspiegel.

sowie eine Pumpe nebst Maschine von 40–50 PS angeschlossen. Jede Strecke enthielt 25–30 Brunnen. Mittels derselben wurde das Grundwasser bis unter Tunnelsohle, also um rd. 3–4 m abgesenkt, so dass sämtliche Arbeiten der Ausschachtung und der Herstellung des Tunnelprofiles im Trockenen ausgeführt werden konnten.

Natürlich machte sich diese erhebliche Absenkung des Grundwassers auch außerhalb der Baugrube bis auf größere Entfernungen geltend, es haben sich hieraus jedoch keine erheblicheren Weiterungen ergeben.

Nach Absenkung des Grundwassers, dem natürlich die Ausschachtung bis zum Wasserspiegel und die Absteifung der Spundwände mit zwei über einander liegenden Reihen von Quersteifen voranging, folgte der weitere Aushub, dann die Herstellung der Schutzschichten an Sohle und Wand – an letzterer z. T. unter Zuhilfenahme von Drahtgeweben –, die Verlegung der Dichtung bis über Grundwasserhöhe und die Herstellung der Sohle nebst den Seitenwänden in Schichthöhen von 30 cm, wobei hölzerne Lehren zur Ausbildung der inneren Querschnittsform benutzt wurden. Nach Entfernung der in Höhe des Grundwasserspiegels gelegenen Quersteifen wurde dann der obere Teil der Tunnelwandung hergestellt und schließlich das Eisenwerk eingebaut. Abb. 20 u. 21 zeigen verschiedene Stufen dieser Bauausführung.

Zu erwähnen ist noch, dass der ausgehobene Boden über eine Rampe in von Pferden gezogenen Loren zutage gefördert und meist zur Aufhöhung neuer Straßenzüge auf Schöneberger Gebiet verwendet wurde. Die Herstellung des Betons erfolgte auf maschinellem Wege. Jede Strecke hatte ihre Betonmisch-

Abb. 21. In Ausführung begriffener Tunnel – Einbau der Decke.

maschine. Im Ganzen wurden auf der westlichen Tunnelstrecke rd. 30 000 m³ Beton verarbeitet und eingebracht.

Die Gesamtstrecke von rd. 1,5 km Länge wurde in drei größeren Abteilungen ausgeführt, deren erste von dem Westende der Tauentzienstraße bis Wittenbergplatz, die zweite vom Wittenbergplatz bis Eisenacher Straße reichte, während die dritte, vom Westende der Tauentzienstraße an bis zur Stadtbahn, den Beschluss bildete. Mit Rücksicht auf die Aufrechterhaltung des Straßenbahnverkehrs usw. auf dem Auguste-Viktoria-Platz musste letztere Strecke wieder in drei Teile zerlegt werden. Mit den eigentlichen Bauarbeiten ist im August 1900 begonnen worden. Die Ausführung der Erd- und Beton-Arbeiten ist von der A.G. für Bahnen und Tiefbau in Berlin bewirkt worden. Die Kosten der Herstellung der westlichen Strecke einschließlich aller Nebenarbeiten, wie Verlegung der Gleise der Straßenbahn und der Leitungen, Herstellung provisorischer Brücken an den Straßenkreuzungen, Wiederherstellung des Pflasters stellen sich auf 2½ – 3 Mill. *M*.

Interessant gestaltet sich die eben in Angriff genommene Weiterführung der Untergrundbahn in der Hardenbergstraße. Zunächst ist die Stadtbahn zu kreuzen; infolge dessen müssen die Fundamente zweier Säulenreihen, welche die Überführung der Hardenbergstraße stützen und zwischen denen die Untergrundbahn hindurch geführt werden muss, etwa 4,5 m tiefer herabgeführt werden. Zu dem Zweck werden zunächst an der einen Säulenreihe, später an der anderen mit trapezförmigen, durch Eisendiagonalen versteiften Holzböcken, die mit ihren Enden auf Schrauben-Spindeln und Schwellenstapeln ruhen, die Brückenträger unterfangen, so dass dann die Säulen und die alten Fundamente entfernt werden können. Sodann werden, ebenfalls unter Grundwasserabsenkung, die Baugruben für die neuen Fundamente bis 7 m unter Geländeoberkante abgeteuft. Auf der weiteren Strecke bis zur Fasanen-Straße sind unter den oberen Bodenschichten starke Mergellager erbohrt worden, die bestimmend auf die Ausführungsart der Wasserhaltung sein werden. Die Ausführung auf dieser weiteren Strecke ist der Gesellschaft für den Bau von Untergrundbahnen von Siemens & Halske aufgrund einer Ausschreibung übertragen.

Bei der zum Potsdamer Platz abzweigenden Untergrundbahnstrecke machten die beschränkten örtlichen Verhältnisse eine etwas kompliziertere Art der Bauausführung notwendig; denn erstens durfte mit Rücksicht auf die Nähe der Gebäude nicht gerammt werden, so dass also die Baugrube nicht mit Spundwänden umschlossen werden konnte, und außerdem mussten die nicht genügend tief gegründeten Mauern der längs des Tunnels stehenden Baulichkeiten unterfangen und bis zur Sohle des Tunnels herabgeführt werden. Die Arbeit musste ferner mit größter Beschleunigung ausgeführt werden, trotzdem weitere erschwerende Bedingungen durch die Aufrechterhaltung des Verkehrs von und zum Bahnhof, sowie in der Königgrätzer Straße gestellt waren. Um diesen Anforderungen des Verkehrs zu entsprechen, musste die Bauausführung in zwei Abschnitten erfolgen. Zunächst, und zwar in der zweiten Hälfte des Jahres 1900, wurde das Tunnelstück vom Tunnelmund an der Grenze der Häuser Köthener Straße 13 u. 14 bis zur Mitte des Droschken-Halteplatzes am Potsdamer Bahnhof ausgeführt und erst nach Wiederherstellung der Straßendecke die zweite Strecke bis zur Königgrätzer Straße in Angriff genommen. Diese Strecke wurde in der ersten Hälfte des Jahres 1901 gebaut. Die Teilung der Bauausführung war erforderlich, um den Droschkenverkehr auf dem Potsdamer Bahnhof nicht unterbrechen zu müssen.

Begünstigt wurde die Ausführung andererseits durch eine etwas höhere Lage des Tunnels zum Grundwasser und durch das Vorhandensein einer Tonschicht unter der wasserführenden Sandschicht, welche die Grundwasserhaltung erleichterte. Vorteilhaft für die Beschleunigung der Ausführung und die Verminderung der Baukosten war es ferner, dass die ausgehobene Erde über die Einschnittrampe hinweg auf einem bis zum Hafenplatz reichenden Transportgleis unmittelbar bis zum Schiff gebracht werden, und dass andererseits die Baumaterialien auf dem Wasserweg angefahren und auf dieser Transportbahn wieder zur Baustelle befördert werden konnten. Die Nähe des offenen Wasserlaufs gestattete ferner die unmittelbare Ableitung des erpumpten Wassers mittels einer unter dem nördlichen Bürgersteig der Köthener Straße verlegten Tonrohrleitung von 40 cm Durchmesser.

Die Ausführung gestaltete sich, abgesehen von dem letzten Stück in der Königgrätzer Straße, derart, dass zunächst die Baugrube in voller Breite bis nahezu auf Grundwasserhöhe abgeschachtet wurde. Innerhalb der Baugrube wurden dann, wie auf der westlichen Strecke, anfangs in zwei, später in einer Reihe die Brunnen in Abständen von 9 m auf eine Tiefe von rd. 13 m unter Straße niedergebracht und mittels 30 cm weiter Hauptrohre an Lokomobilen angeschlossen, die das Wasser in einen Sammelbrunnen abgaben, welcher es der oben erwähnten Ableitung zum Landwehr-Kanal zuführte. Um ein Aufsteigen des Grundwassers in den Brunnenrohren, deren obere Teile nach vollendeter Arbeit ausgezogen wurden, sowie ein Eindringen des Wassers in den Tunnel nach Einstellung der Pumparbeit zu verhindern, wurden in die Tunnelsohle gusseiserne, die Brunnenrohre umfassende Hauben eingesetzt, die nach Ausziehen der Rohre und raschem Verfüllen der Löcher mit Sand mittels aufgeschraubten Deckels geschlossen und dann vollständig einbetoniert wurden.

Abb. 22. Unterfangung des Empfangsgebäudes des Potsdamer Bahnhofs.

Im Gegensatz zu dem Arbeitsvorgang auf der westlichen Strecke wurden nunmehr zunächst die Seitenmauern hergestellt, während der Erdkern dazwischen als Arbeitsbühne stehenblieb. Dieser Arbeit musste jedoch die Unterfangung der Gebäude und die Herabführung ihrer Fundamente vorausgehen. Bei dieser Ausführung ist man zum Teil mit dreifacher Sicherheit vorgegangen, indem man selbstverständlich die Mauern nur stückweise unterfing und in abgeteuften Baugruben tiefer führte, außerdem aber die Mauern mit Triebladen absteifte und ferner noch mit quer durchgesteckten Trägern bockartig stützte. *Abb. 22* zeigt eine derartige Ausführung am Empfangsgebäude des Potsdamer Hauptbahnhofes. Die Träger der Böcke sind dabei auf Schraubenspindeln gelagert, um ein festes Anpressen an die zu

stützende Mauer durch Nachziehen der Schrauben jederzeit zu ermöglichen.

Für die Seitenmauern wurden 2 m breite ausgesteifte Schlitze hergestellt und die Mauern dann einschließlich Sohlen- und Seiten-Schutzschicht, sowie Asphaltfilz-Einlage in einzelnen Pfeilern schichtweise zwischen den Quersteifen bis über Grundwasser hergestellt. Nachdem man diesen Pfeilern nun acht Tage Zeit zum Erhärten gelassen hatte, wurden Steifen zwischen Baugrubenwandung und Pfeiler eingesetzt, sodann die durchgehenden ersten Quersteifen herausgenommen. Es war nur möglich, zwischen den Pfeilern die Lücken zu schließen. Erst nach vollständiger Hochführung der Seitenmauern wurde das Mittelstück der Tunnelsohle eingebracht. Um einen innigen Zusammenschluss der einzelnen Teile des Querschnittes zu ermöglichen, wurden die sich berührenden Betonflächen aufgeraut. *Abb. 23* zeigt die Tunnelstrecke kurz vor dem Empfangsgebäude des Potsdamer Hauptbahnhofs mit dem Blick nach der Königgrätzer Straße. Die Seitenmauern sind bereits hochgeführt, die Tunnelsohle ist eingebracht und man beginnt mit der Aufstellung der Mittelstützen, während in dem hinteren Teile nach der Königgrätzer Straße zu noch die Ausschachtungs-Arbeiten im Gange sind.

Eine Ausnahme von dieser Ausführung macht das letzte zur Aufnahme eines Ausziehgleises bestimmte Stück des Tunnels unter der Königgrätzer Straße, das aus den auf S. 22 schon erwähnten Gründen mit Luftdruck gegründet werden musste *(vgl. Abb. 14)*. Das Tunnel-

Abb. 23. Einblick in den Tunnel zwischen dem Potsdamer Bahnhof und den Hinterhäusern der Körthener Straße während der Ausführung.

stück ruht auf zwei hölzernen Caissons, deren äußeres 20 m, das innere 6 m Länge besitzt. Die Absenkung erfolgte bis rd. 13 m unter Gelände-Oberkante und bis rd. 9 m unter Grundwasser. Auf der Decke der Arbeitskammer wurde der Tunnel während der Absenkung als eisernes Rahmenwerk mit Betonwänden aufgebaut und mit abgesenkt. Die Ausführung bietet nur insofern etwas Bemerkenswertes, als sie unmittelbar in einer lebhaften Verkehrsstraße unter voller Aufrechterhaltung des Straßenbahn- und sonstigen Fuhrwerks-Betriebes erfolgen musste.

Zu bemerken ist noch, dass die Gebäude an der Köthener Straße, auf deren Hinterland der Tunnel zum Teil liegt, von denen einzelne sogar vorübergehend während der Ausführung ihrer vorspringenden Teile, Erkerbauten usw. entkleidet werden mussten, sämtlich von der Bahngesellschaft erworben worden sind. Es hat dies einen Grunderwerb von rd. 3 Mill. *M.* erfordert, der aber durch den Verkauf der Grundstücke, die genau so ausnutzungsfähig wie früher geblieben sind, wieder ausgeglichen werden kann. Die reinen Baukosten der Untergrundbahn-Strecke zum Potsdamer Bahnhof stellen sich auf rd. 1 Mill. *M.*

Die Ausführung der Erd- und Betonarbeiten wurde für diese Strecke seitens der Firma **Siemens & Halske** an die mindestfordernde **Gesellschaft für den Bau von Untergrundbahnen** vergeben.

Die gesamten Arbeiten, welche im Juli 1900 begonnen wurden, haben etwa einen Zeitraum von 13 Monaten erfordert. ❐

III.

Die Hochbahn

a) Die Ausgestaltung der Viadukte.

Für die Wahl des Systems des Viadukt-Aufbaus war die Forderung maßgebend, dass derselbe in den Straßenzügen den Verkehr möglichst wenig behindern, also in seinem Unterbau möglichst wenig Straßenfläche beanspruchen sollte. Er musste ferner leicht erscheinen, um das Straßenbild nicht zu sehr zu beeinträchtigen und den freien Ausblick nicht zu sehr zu behindern. Der Erfüllung der letzteren Bedingungen stand dabei die Forderung entgegen, dass die Fahrbahntafel in voller Breite wasserdicht sein und möglichst schalldämpfend hergestellt werden sollte, was nur durch eine in voller Breite geschlossene und mit Kiesschüttung bedeckte, also schwere Fahrbahn zu erreichen war.

Die ersten, grundlegenden Forderungen bedingten für den größten Teil der ganzen Hochbahnstrecke die Ausführung des Viadukt-Aufbaus, und zwar sowohl des Überbaus wie der Stützen in Eisen. Nur ganz ausnahmsweise ist mit Rücksicht auf die Verkehrsinteressen für die Letzteren auf der östlichen Strecke als Stützpunkt besonders weiter Spannungen die Ausführung in Stein gewählt worden. Nachdem bereits ein größerer Teil des Eisen-Viaduktes in der Skalitzer und Gitschiner Straße aufgestellt war und sich in seiner ganzen Schlichtheit den Blicken darbot, wurde seitens der Stadtgemeinde Berlin gewünscht, die

monotone Linie des Viaduktes durch einzelne, kräftig hervortretende und künstlerisch zu betonende Ruhepunkte, also durch Einschaltung von Steinpfeilern, zu unterbrechen. In der westlichen Strecke findet sich daher eine derartige Anordnung, ohne dass die Verkehrsinteressen dadurch beeinträchtigt würden.

Massive Ausführung der Viadukte kommt nur vereinzelt vor. So liegen die zur Untergrundbahn absteigenden Rampen, wie schon erwähnt, z. T. zwischen Futtermauern, der Endbahnhof WARSCHAUER BRÜCKE liegt teils zwischen Futtermauern, teils auf Wölbungen, und außerdem sind die hohen Viadukte des Anschlussdreiecks, um ihnen bei geringer Breite noch eine höhere Standfestigkeit zu geben, zum größeren Teil in Stein erstellt worden.

Von Einfluss auf die Gestaltung der Eisen-Viadukte war ferner ihre Aufgabe, nicht nur die lotrechten Verkehrslasten, sondern auch die in der Längsrichtung wirkenden Bremskräfte und die auf Umsturz wirkenden Wind- und Zentrifugalkräfte sicher aufzunehmen, sowie die Längenänderungen infolge der Temperatur-Schwankungen in einfacher Weise auszugleichen. Aus diesen verschiedenen Anforderungen ergab sich unter möglichst günstiger Materialausnutzung die gewählte Form der Viadukte, deren streckenweise gleich lange Felder abwechselnd aus mit den Stützen fest verbundenen Trägern mit überstehenden Enden und dazwischen lose eingehängten Trägern bestehen. Jedes Gleis wird dabei nur von einem Hauptträger gestützt. Die beiden Hauptträger der festen Felder sind unter sich sowie mit den Stützen zu einem festen, sowohl in der Längs-, als in der Querrichtung steifen, zur unmittelbaren Aufnahme der Längs- und Querkräfte geeignetem Gerüst verbunden. *(Vgl. die Abb. 24 u. 25)* Durch diese Anordnung wird eine möglichst geringe Querschnittsfläche der Stützenfüße ermöglicht, die außerdem bei der festen Verbindung der Stützen mit den Hauptträgern, sowie bei geeigneter Wahl der Stützweiten und der Entfernung der Hauptträger in der regelmäßigen Viaduktstrecke keine Verankerung mit den Fundamenten nötig haben, so dass diese nur solcher Abmessungen bedürfen, um die Stützendrücke auf den Baugrund zu übertragen.

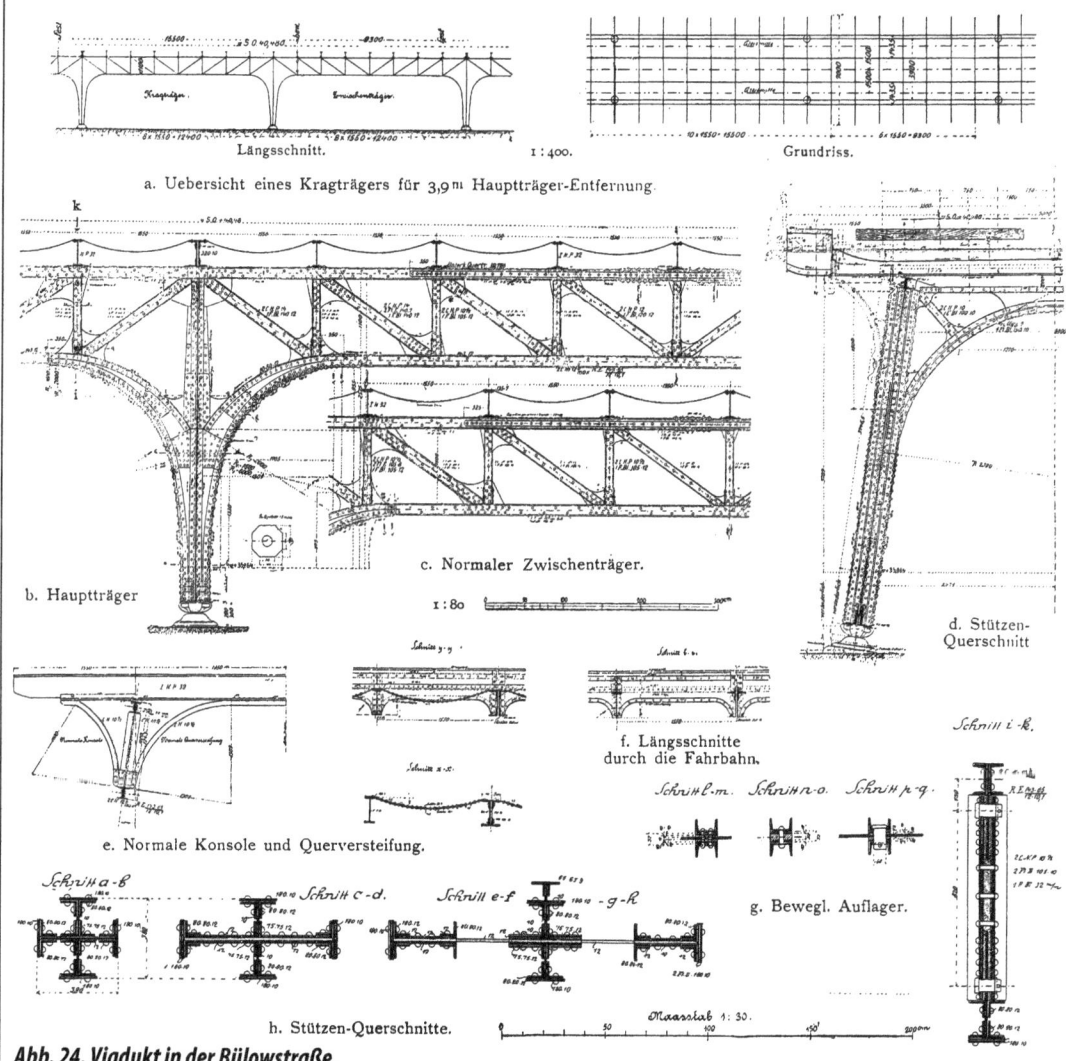

a. Uebersicht eines Kragträgers für 3,9 m Hauptträger-Entfernung.

Längsschnitt. 1 : 400. Grundriss.

b. Hauptträger

c. Normaler Zwischenträger. 1 : 80

d. Stützen-Querschnitt

e. Normale Konsole und Querversteifung.

f. Längsschnitte durch die Fahrbahn.

g. Bewegl. Auflager.

h. Stützen-Querschnitte.

Maasstab 1 : 30.

Abb. 24. Viadukt in der Bülowstraße.

Auf der 11–13 m breiten Mittelpromenade der Skalitzer Straße konnte die Schienenoberkante auf 4,5 m über Straße gesenkt werden. Hier ergab sich eine Stützenteilung von 12 m als zweckmäßig. Für den Materialverbrauch der auf den Hauptträgern ruhenden Querträger erwies sich eine Entfernung der ersteren von 3,5 m als vorteilhaft, ein Maß, das auch zur Erzielung der nötigen Standsicherheit in der Querrichtung ausreicht. In der schmaleren Gitschiner Straße, deren Mittelpromenade zwischen 5 m und 6 m Breite schwankt, steht die Fahrbahntafel, die in der geraden Strecke eine Breite von 7 m zwischen den Geländern erhalten musste (Gleisentfernung 3 m, Breite der Betriebsmittel 2,3 m, also Spielraum beiderseits 0,85 m), in die beiderseitigen Fahrdämme über Schienen-Oberkante liegt hier 6 m über der Straße. Die günstigste Stützweite ergab sich zu

16,5 m; die Hauptträger-Entfernung von 3,5 m reichte noch gerade aus. Längs des Landwehrkanals vom Halleschen Ufer schließlich, wo die Hochbahn dem Lauf des Kanals auf dem wasserseitigen, sogenannten grünen Streifen folgt, war mit Rücksicht auf die Kreuzung der Brückenrampen an der Großbeeren- und Möckernstraße eine größere Höhe von 7,5 m erforderlich, was eine Vergrößerung der Hauptträger-Entfernung bis 3,9 m von Mitte zu Mitte bedingte. Die

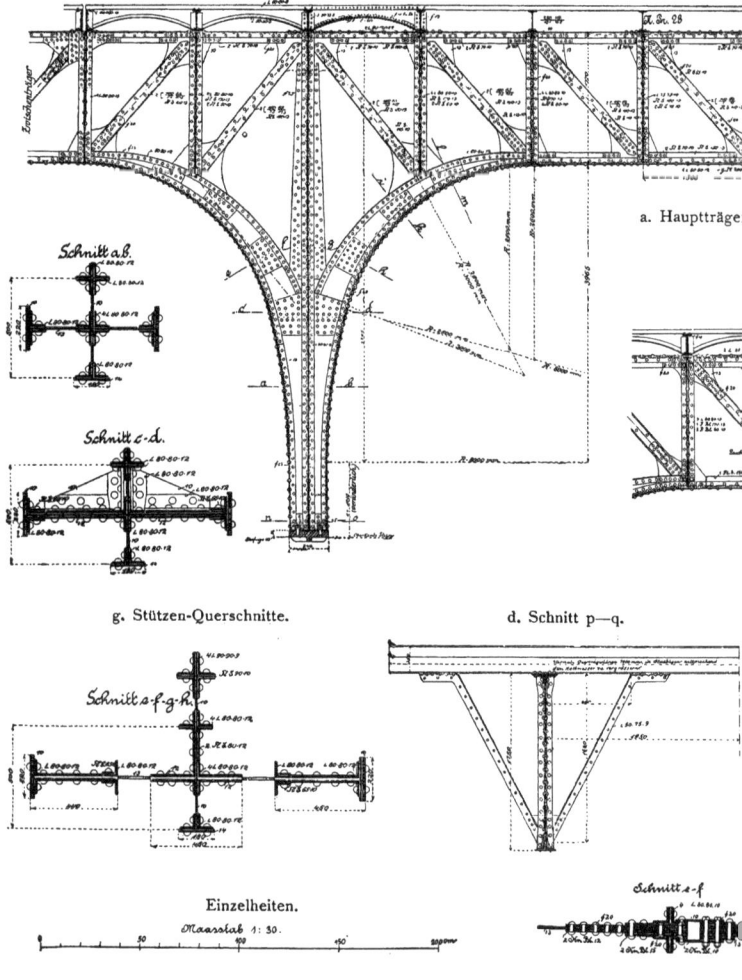

Abb. 25.
Normalviadukt von
21 m Stützweite,
3,9 m Hauptträger-
Abstand am
Landwehrkanal
zwischen
Belle-Alliance- und
Möckernbrücke.

Stützweite wurde hier zu 21 m gewählt, da hier die Gründungen schwieriger sind, also die Gründungskosten einen wesentlichen Anteil der Gesamtkosten ausmachen.

In *Abb. 25* sind die Einzelheiten des Normalviaduktes von 21 m Stützweite zur Darstellung gebracht[1]). Die Hauptträger haben eine Feldteilung von 1,5 m erhalten. Da die Schienen zwar auf hölzernen Querschwellen, aber unmittelbar auf den Querträgern ruhen, also

ebenfalls 1,5 m freitragen müssen, haben sie die große Höhe von 18 cm auf der ganzen östlichen Strecke – bis zur Kreuzung des Landwehrkanals hinter der Möckernbrücke – erhalten müssen. Zwischen den Querträgern bilden stehende Tonnenbleche von 3 mm Stärke den dichten Schluss der Fahrbahn. Der auf diesen ruhende Kies dient hier lediglich zur Schalldämpfung, nicht als Unterbettung der Gleise. Die bewegliche Auflagerung der eingefügten Zwischenlager ist bei diesem Viadukt dadurch hergestellt, dass sich das Trägerende zwischen die aufgespaltenen Endstützen der Kragträger einschiebt und dort mit Gleitlager aufgelagert ist *(vgl. Abb. 25 e)*. Im Übrigen ist die Stützenbildung, die Querversteifung der Stützen und der Hauptträger untereinander aus der Abbildung klar ersichtlich. Hervorzuheben ist nur noch, dass alle Querschnitte, auch die gezogenen, steif ausge-

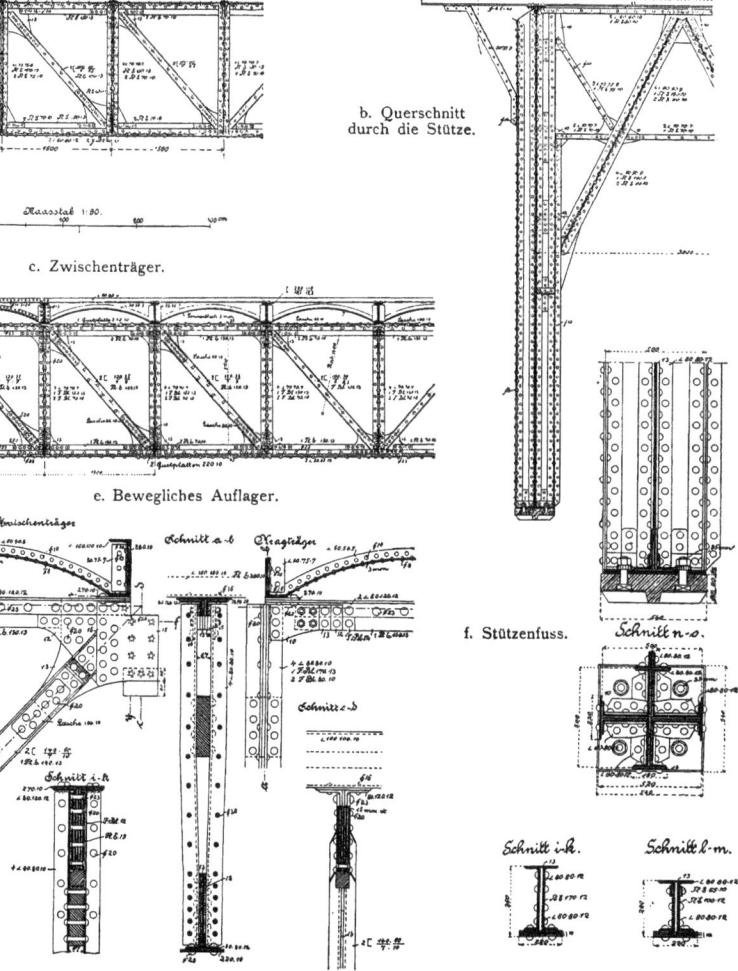

b. Querschnitt durch die Stütze.

c. Zwischenträger.

e. Bewegliches Auflager.

f. Stützenfuss.

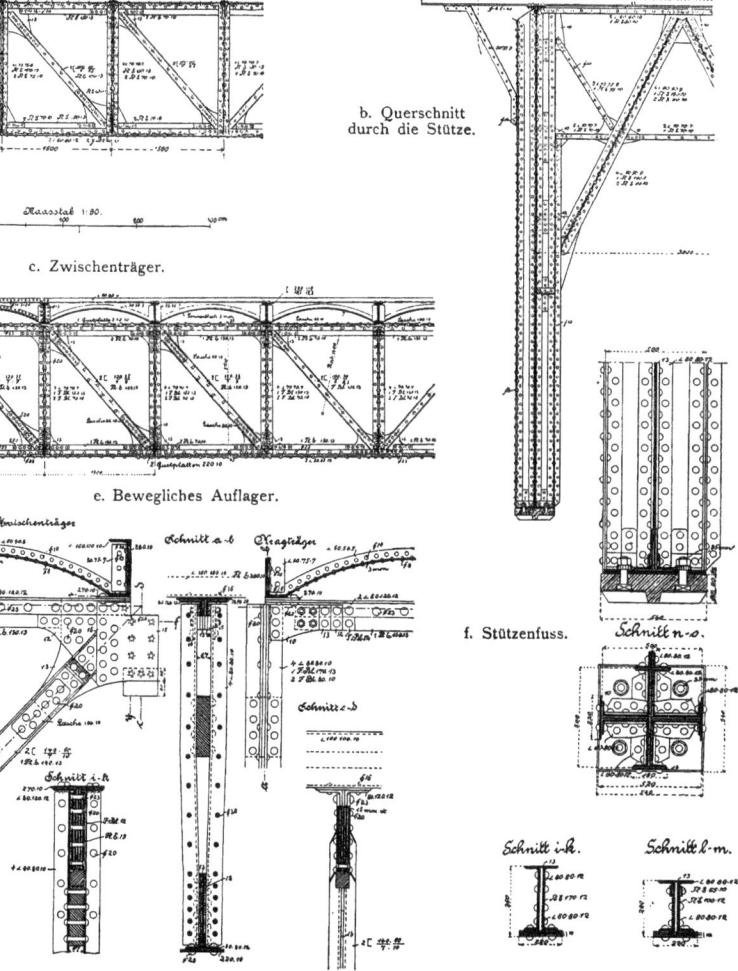

1) Nicht zutreffend ist dabei die Ausbildung des Fußes mit einer einfachen Platte, die nur bei den 12 m und 16,5 m weit gespannten Viadukten vorkommt; hier sind Kugelgelenke ausgeführt.

35

bildet sind, um klirrende Geräusche im Betrieb zu vermeiden.

Das Gewicht des flusseisernen Viaduktaufbaus der östlichen Strecke beträgt bei 12 m Stützweite 1,2 t für 1 m, bei 16,5 m Stützweite 1,4 t und bei 21 m Stützweite schließlich 1,8 t.

Der Aufbau der Viaduktstrecke im Westen auf der breiten Mittelpromenade der Bülowstraße *(vgl. Abb. 24)* hat ebenfalls eine Spannweite von etwa 12 m (12,4) erhalten. Er unterscheidet sich in seiner Ausbildung von dem Östlichen zunächst grundsätzlich dadurch, dass die Schienen mit ihren hölzernen Querschwellen in der Kiesbettung der Fahrbahn, nicht auf den Querträgern ruhen. Die Schienen haben daher nur 11,5 cm Höhe. Die in 1,50 m Entfernung angeordneten Querträger sind mit hängenden Tonnenblechen verbunden, die also hier die volle Verkehrslast aufzunehmen haben und dementsprechend 7 mm

stark sind. Die Ausbildung des Viaduktes unterscheidet sich ferner durch die gespreizte Stellung der Stützen – Winkel von 8°7′27″ gegen die Lotrechte – und demgemäß auch geneigte Lage der Hauptträger, die außerdem in 3,9 m Entfernung gelagert sind. Durch diese Anordnung konnten die Auflagerpunkte der Stützen in die zu beiden Seiten der Promenade befindlichen Rasenstreifen verlegt und somit die Promenade in voller Breite für den Verkehr freigehalten werden. Um bei dieser Spreizung der Stützen die Innenansicht der Viadukte möglichst gefällig zu gestalten, sind alle Querversteifungen bogenförmig gekrümmt worden *(vgl. Abb. 27)*. Die bewegliche Verbindung der eingehängten Zwischenträger und der Kragträger ist in der gleichen Weise wie bei den 12 m weit gespannten Viadukten der östlichen Strecke durch Bolzengelenke gebildet, deren Gestaltung aus den Schnit-

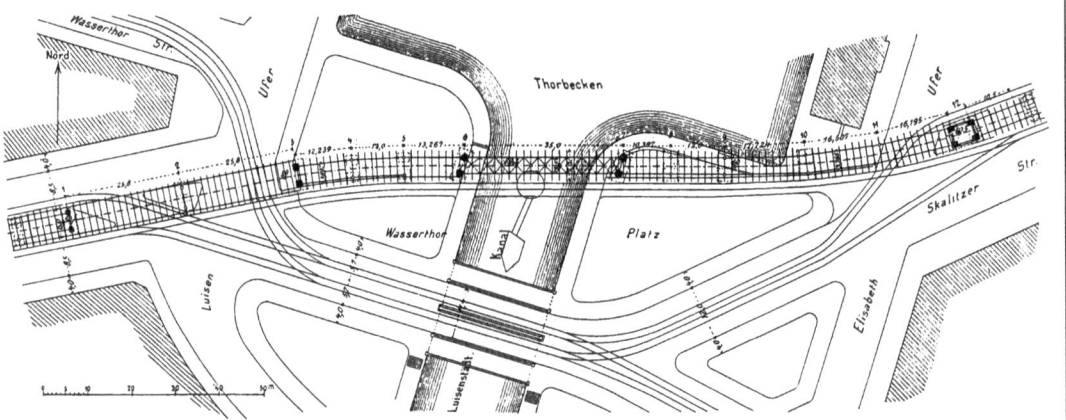

Abb. 26. Hochbahnstrecke am Wassertor.

ten i – k bis p – q der *Abb. 24* hervorgeht. Selbstverständlich ist die Fahrbahntafel überall über den beweglichen Auflagern durchschnitten. Die I-förmigen Querträger sind durch zwei][-Eisen ersetzt, welche den Abschluss der Kiesbettung bilden. Das Eisengewicht dieses Viaduktes, der infolge der erheblich schwereren Kiesbettung nicht unbeträchtlich kräftiger als auf der östlichen Strecke konstruiert werden musste, stellt sich für den lfd. Meter auf 1,65 t.

Diese regelmäßigen Viaduktstrecken werden einerseits an den Haltestellen, auf die wir später zurückkommen, und andererseits häufig durch Straßenzüge

Abb. 27 Blick in den Viadukt Bülowstraße.

unterbrochen, welche eine größere Lichthöhe und außerdem eine den Fahrdämmen entsprechende größere Stützweite der Überbrückungen erfordern, die bei kleineren Weiten ohne, bei größeren mit Zwischenstützen hergestellt sind. Nur in der hochgelegenen Strecke in der Gitschiner Straße bedingen einige Unterführungen – Prinzen-, Brandenburg- und Alexandrinenstraße – keine Änderung des Überbaus, sonst sind überall die Hauptträger über die Fahrbahn in rd. 6 – 7 m Entfernung von Mitte zu Mitte gelegt und an einzelnen Stellen

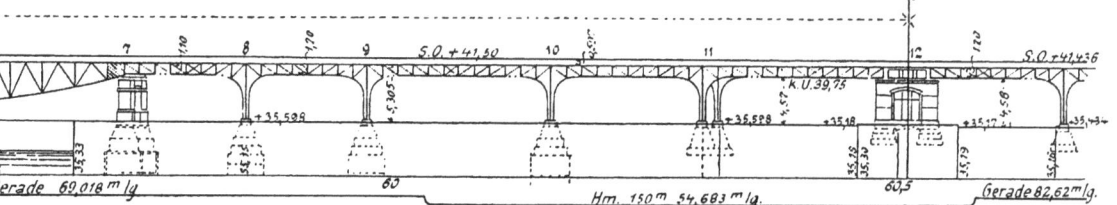

Abb. 28. Hochbahn-Viadukt am Halleschen Ufer an der Kreuzung mit der Großbeerenbrücke.

als Blechträger, an anderen als Parallelträger, meist aber als Halbparabelträger ausgebildet. Außerhalb der Hauptträger sind dann stets beiderseits Fußwege, die mit Monier-Konstruktion abgedeckt sind, angeordnet. Da die Lichthöhe über der Straße 4,55 m betragen muss, die Konstruktionshöhe sich auf 0,75 m stellt, so liegt Schienenoberkante nur 5,3 m über der Straße. Interessant sind bei diesen Überbrückungen die Auflagerungen der Endträger der anschließenden Via-

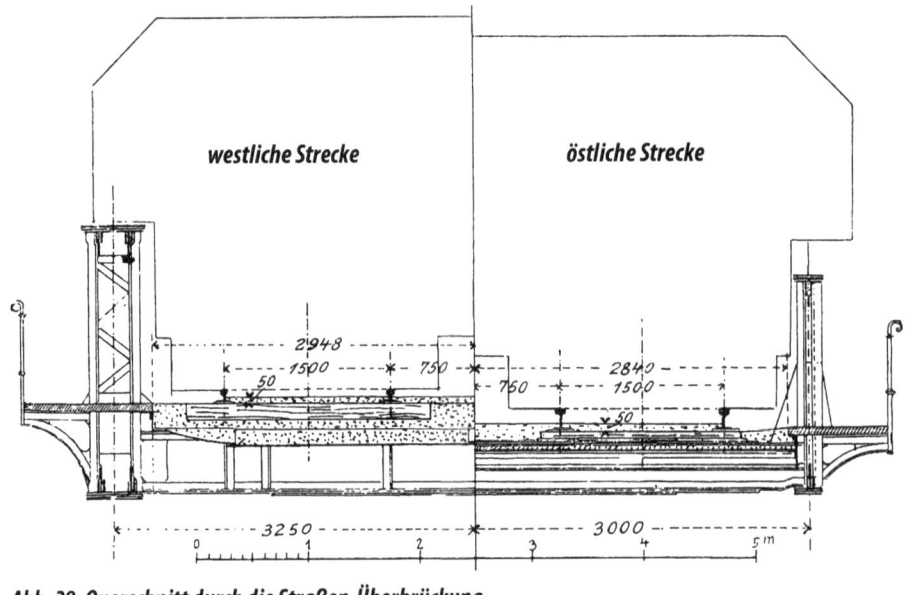

Abb. 29. Querschnitt durch die Straßen-Überbrückung.

Abb. 30. Hochbahnkreuzung an der Belle-Alliance-Brücke.

dukte, die vielfach in den Endquerträgern der Brücken eingebaut sind.

Schwieriger werden die Verhältnisse, wenn es sich nicht um einfache Straßenkreuzungen, sondern um die Überschreitung von platzartigen Erweiterungen am Treffpunkt verschiedener Straßenzüge handelt, wie namentlich am Lausitzer Platz, Kottbusser Tor und Wassertor. Hier musste bei der Stützenstellung in entsprechender Weise Rücksicht genommen werden auf die verschiedenen Verkehrsrichtungen, was z. T. nicht ohne eine zweckentsprechende Neueinteilung des Platzes, durch Umformung, Beseitigung oder Neuherstellung von Inselperrons möglich war. Wir geben in *Abb. 26* in Höhen- und Lageplan als ein Beispiel der Führung und Einteilung der Viaduktstrecke zwischen Elisabeth-und Luisenufer mit der Kreuzung des Torbeckens wieder. Hier ist die Anordnung eines unter der Fahrbahn liegenden Fischbauchträgers bemerkenswert, eine Form, die sich nur noch im Anschlussdreieck wiederfindet.

Von den typischen Straßenüberbrückungen gibt *Abb. 28* ein Bild. Die Querschnitts-Anordnung auf der westlichen bzw. östlichen Strecke ist ferner in *Abb. 29* zur Darstellung gebracht. Die Ausbildung einer Straßenkreuzung mit Blechträgern zeigt *Abb. 30*. Raummangels halber müssen wir uns auf diese Darstellungen beschränken[1].

Das Gewicht der üblichen Straßen-Überbrückungen mit über der Fahrbahn liegenden Trägern stellt sich im Osten auf etwa 2,2 t, im Westen auf 2,7 t für 1 m.

Der Berechnung des Überbaus ist ein Lastenzug von 4-achsigen Motorwagen mit Drehgestellen zugrunde gelegt. Entfernung der beiden Achsen eines Drehgestelles 1,8 m, der äußeren Achsen zweier aufeinanderfolgender Motorwagen 3,4 m; Entfernung der beiden inneren Achsen eines Motorwagens 4,6 m; Belastung aller Achsen mit je 6 t; Gesamtlänge 11,6 m.

---

1) Im Anhang auf S.103 wird auf die Überbrückung des Louisenufers eingegangen.

Für den Winddruck sind 120 kg/m², bei hochgelegenen Brücken 150 kg/m² in Ansatz gebracht, für den Bremsschub $\frac{1}{7}$ des Gewichts der gebremsten Achsen. Als zulässige Beanspruchung für den flusseisernen Überbau sind zugrunde gelegt: 1100 kg/m² für Teile, die nur gedrückt bzw. gezogen werden, 900 kg/m² für Teile mit wechselnder Beanspruchung, 650–700 kg/m² für die Querträger. Das System der festen Viaduktfelder ist 5fach statisch unbestimmt und als solches berechnet.

Über die Frage des Anstrichs und der wasserdichten Abdeckung der Viadukte und Brücken sind lange Erwägungen angestellt worden. Man hat sich schließlich für einen einfachen Ölfarbenanstrich auf Mennige-Grundierung entschieden. Auch die Hängebleche der Fahrbahntafel von 3 mm bzw. 7 mm Stärke sind im Allgemeinen nicht verzinkt, sondern nur mit Mennige gestrichen. Dort, wo Buckelplatten zur Anwendung kommen, an der Warschauer Straße und im Anschlussdreieck, sowie über der eisenbahnfiskalischen Straße, sind dieselben verzinkt worden. Darauf ruht, wie *Abb. 31* zeigt, eine Betonschicht aus Bimskies, die mit einer mit Goudron gestrichenen Jute-Abdeckung gegen durchdringende Feuchtigkeit geschützt ist. Das durch die obere Kiesbettung durchsickernde Wasser wird mit Abfallstutzen durch die Tonnenbleche geführt, in Rinnen aufgefangen, die unter den Querträgern aufgehängt sind, durch Abfallrohre ab- und zu an den Stützen herabgeführt und zum Abfluss in die Leitungen der Kanalisation gebracht.

Die Fundamente der Stützen und Pfeiler sind im Allgemeinen einfach in ihrer Anordnung und Ausführung. Der gute Baugrund liegt meist nicht sehr tief, so dass eine von Spundwänden umschlossene Baugrube, ein unter Wasser geschütteter Betonklotz ausreicht. Etwas schwieriger gestaltete sich die Gründung längs des Kanals, da hier die massive Uferdeckung z. T. zu durchbrechen und durch entsprechend tief herabgeführtes Fundament zu ersetzen war. Unsere *Abb. 32* gibt ein Beispiel solcher Fundamente auf der Strecke Lindenstraße – Belle-Alliance-Brücke. Die Hauptschwierigkeiten und Kosten lagen in der Notwendigkeit, der Fundamente wegen kleinere Leitungen des städtischen Versorgungsnetzes zu verlegen, größere zu überbauen. War beides nicht angängig, so bestimmte die Lage der Leitungen z. T. die Stellung der Stützen, gegebenen Falles selbst die Ausbildung des Überbaues. Ein Beispiel ist die Viaduktstrecke von Kottbusser Tor bis Manteuffelstraße, wo die Stützenentfernung auf 4,2 m erhöht werden musste, weil sonst kostspielige Verlegungsarbeiten an den Leitungen der Kanalisation und der Wasserwerke erforderlich geworden wären.

Zum Schluss unserer Betrachtungen des Viaduktaufbaues noch ein kurzes Wort über die Aufstellung. Es lag hier bei der Art des sich in gleicher Form auf langer Strecke wiederholenden Aufbaus nahe, nicht feste, sondern auf Schienen fahrbare Rüstungen nach Art eines Bockkrans aufzustellen. *Abb. 33* zeigt einen derartigen eisernen Aufbau, wie

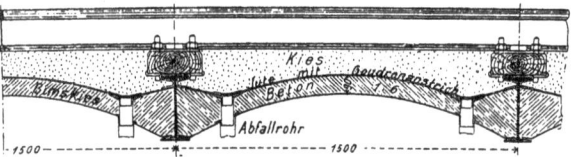

Abb. 31. Abdeckung und Entwässerung der Fahrbahntafel.

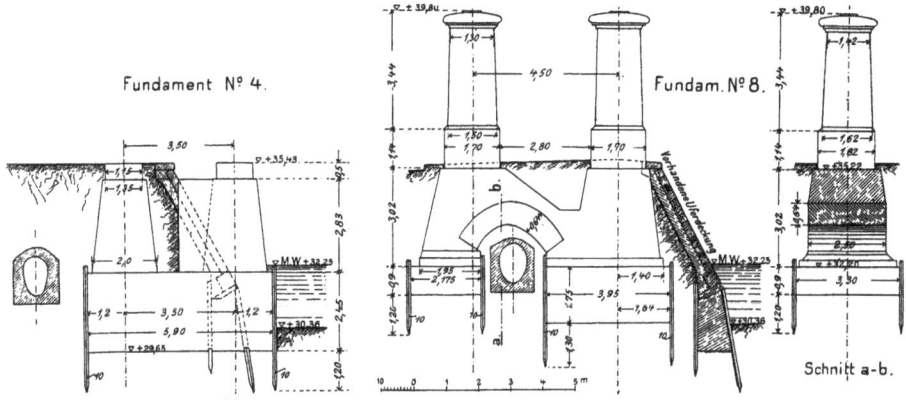

Abb. 32. Viadukt-Fundamente zwischen Sedan-Ufer und Belle-Alliance-Brücke.

er in der Gitschiner Straße zur Anwendung gekommen ist.

Die Straßenüberbrückungen sind teils auf festen Rüstungen montiert, teils, wie z. B. die Überbrückung der Potsdamer Straße, die als Blechträger mit gekrümmtem Obergurt ausgebildet ist, auf dem anschließenden fertigen Viadukt zusammengestellt und dann bei Nacht übergeschoben, da hier feste Rüstungen des Verkehrs wegen unstatthaft waren.

Die Preise der eisernen, normalen Viadukt-Bauten schwanken zwischen 28,00 $\mathcal{M}$ und 32,00 $\mathcal{M}$ für 100 kg, die der einfachen Straßen-Unterführungen bewegten sich annähernd in denselben Grenzen.

Der erste Spatenstich zu den Fundamenten der östlichen Viadukt-Strecke erfolgte am 10. September 1896. Mit den Montage-Arbeiten wurde im Juni 1897 in der Gitschiner Straße angefangen.

Abb. 33. Aufstellung des Viadukts in der Gitschiner Straße..

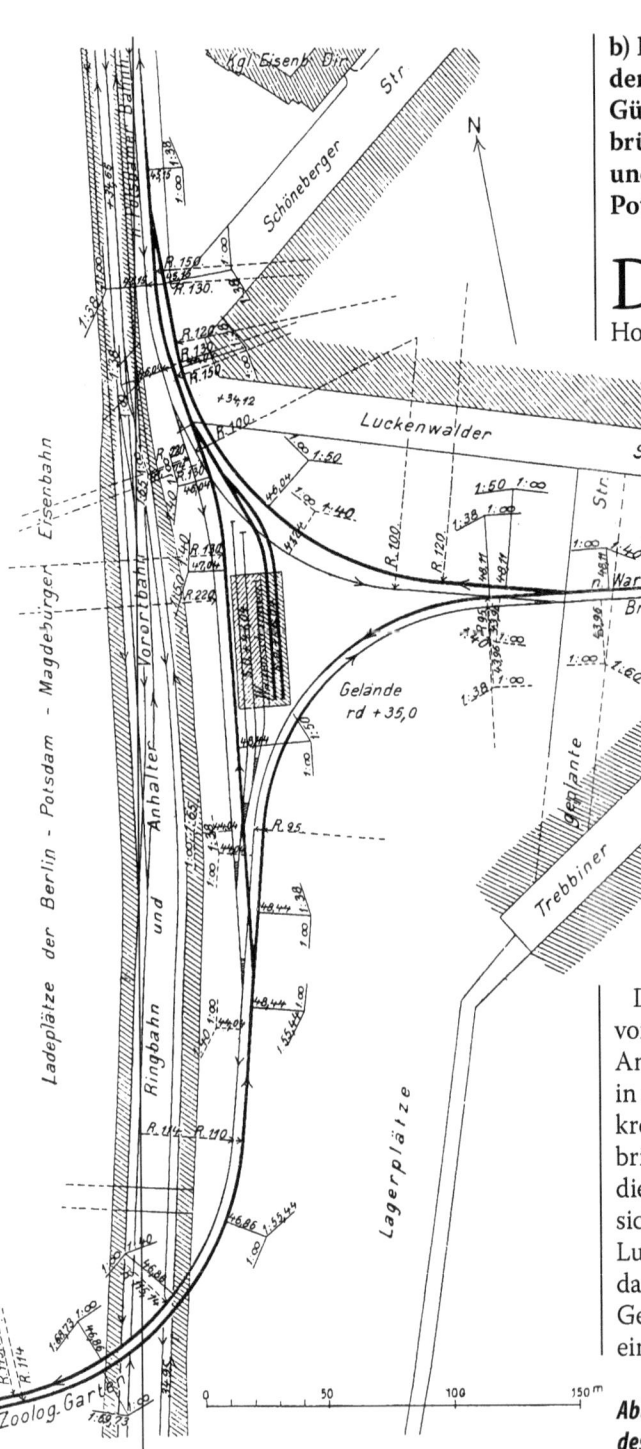

b) Das Anschlussdreieck auf dem Gelände des alten Dresdener Güterbahnhofes nebst den Überbrückungen des Landwehrkanals und der Anhalter Bahn, sowie des Potsdamer Außenbahnhofs

Die interessanteste und in ihrer Ausgestaltung schwierigste Strecke der Hochbahn ist diejenige des sogenannten Anschlussdreiecks auf dem eisenbahnfiskalischen Gelände des alten Dresdener Güterbahnhofes, mit den drei Anschlussstrecken bis zur Dennewitzstraße und dem Halleschen Ufer, sowie bis zur Überschreitung des Landwehrkanals im Zuge der Rampe nach dem Potsdamer Platz. Die Übersicht dieser Strecke ist in einem Plan 1897 zur Darstellung gebracht worden (Abb. 87), der bezüglich der Gesamtanordnung der Lage noch zutrifft, in den Höhenverhältnissen dagegen wesentlich umgestaltet worden ist. Wir beschränken uns darauf, auf diesen Plan zu verweisen.

Die Hochbahn überschreitet hiernach, vom Halleschen Ufer abzweigend, die Anhalter Bahn und den Landwehrkanal in einer Brückenspannung (vgl. Abb. 41), kreuzt das Tempelhofer Ufer, durchbricht den Häuserblock an der Ecke dieser und der Trebbiner Straße, legt sich auf eine kurze Strecke parallel zur Luckenwalder Straße und spaltet sich dann auf dem eisenbahnfiskalischen Gelände in zwei Arme, von denen der eine sich, mit einer Kurve nach Norden

Abb. 34. Anschluß-Dreieck auf dem Gelände des alten Dresdener Güterbahnhof.

abschwenkend, neben die Ringbahn legt, neben dieser den Landwehrkanal überschreitet und dann zum Potsdamer Platz herabsteigt, während der andere nach Süden, ebenfalls parallel zur Ringbahn abschwenkt, diese dann in einer nach Westen gerichteten Krümmung überschreitet und weiterhin sämtliche Gleise des Potsdamer Außenbahnhofs mit einem weit gespannten Brückenbauwerk kreuzt, um schließlich nach Durchbrechung des Häuserblockes an der Ecke der Dennewitz- und Bülowstraße wieder in einen offenen Straßenzug einzutreten. Zwischen den beiden Zweigen ist neben der Ringbahn eine Verbindung hergestellt, so dass die drei Zweige nunmehr ein geschlossenes Dreieck bilden und so eine unmittelbare Gleisverbindung hergestellt ist: einerseits in der Richtung Warschauer Brücke und Zoologischer Garten bzw. Potsdamer Platz, und andererseits zwischen Zoologischem Garten und Potsdamer Platz und umgekehrt. Der zwischen den drei Zweigen verbleibende freie Raum ist ausgenutzt zur Anlage ei-

nes Wagenschuppens, außerdem ist hier eine Stellwerksanlage eingefügt, welche die Weichen und Signale des Anschlussdreiecks bedient.

Diese dreifache Verzweigung bedingt die Anlage von sechs Weichen (abgesehen von den Anschlussweichen des Wagenschuppens) und drei Kreuzungen. Letztere durften, um einen Betrieb von der geplanten Zugdichte überhaupt zu ermöglichen, nicht in gleicher Schienenhöhe hergestellt werden. Es musste daher an jeder dieser Kreuzungen das Gleis der einen Richtung so weit gehoben, bzw. das andere so weit gesenkt werden, dass die nötige Licht- und Konstruktionshöhe verblieb, um das eine Gleis unter dem anderen hindurchzuführen. Es sind also alle Kreuzungen (auch die der Wagenschuppengleise) schienenfrei hergestellt.

In *Abb. 34* ist das Anschlussdreieck unter Eintragung aller Krümmungs-, Höhen- und Gefällverhältnisse dargestellt. Ein klares Bild der Gesamtanordnung gibt außerdem *Abb. 3 u. 35*. In unserem Lageplan sind die hochliegenden Gleise dick, die tiefliegenden fein, die steigenden bzw. fallenden mit anschwellenden bzw. abnehmenden Linienstärken zur Darstellung gebracht. Die hochliegenden Weichen sind schwarz gefüllt, die tiefliegenden schraffiert. Die Höhen- und Gefällzeiger der hochliegenden Gleise sind ausgezogen, die der tiefliegenden punktiert.[1]

Die Höhenlage des Anschlussdreiecks ist abhängig von den drei festen Punkten der Kreuzung der Ringbahn, der Anhalter Bahn und der Straße am Schöneberger Ufer, bei welcher auf eine für später geplante Höherlegung des Straßendammes Rücksicht genommen werden musste. Der letztere Punkt ist der niedrigste. Schienenoberkante liegt auf der Überbrückung nur auf + 41,45 N. N. An der Kreuzung der Anhalter Bahn musste die Höhe von + 45,30 eingehalten werden – es war eine aufgehöhte

1) Der Höhenplan *Abb. 88* trifft nicht mehr zu.

Schienenoberkante der Anhalter Bahn mit + 39,48 zugrunde zu legen –, an der Überschreitung der Ringbahn, deren Betriebsgleise sich bis zu einer Höhe von + 41,17 erheben, ergab sich sogar eine Höhenlage von + 47,01 der Schienenoberkante.

Demgemäß steigen die beiden Gleise der Richtungen Potsdamer Platz – Zoologischer Garten bzw. – Warschauer Brücke, nach der Kreuzung mit der Ringbahn bzw. nach der Anhalter Bahn zu, lediglich, wenn auch mit wechselndem Gefälle, an. Letzterer Zweig hält sich dabei aber innerhalb des Anschlussdreiecks in solcher Tiefe, dass die Unterführung unter der Richtung Zoologischer Garten – Potsdamer Platz, bzw. Warschauer Brücke – Zoologischer Garten möglich wird. Umgekehrt haben die Richtungen Warschauer Brücke – Potsdamer Platz, bzw. Zoologischer Garten – Potsdamer Platz im Wesentlichen fallende Tendenz. Sie müssen jedoch vor der Abzweigung Warschauer Brücke –

Abb. 36. Gleisüberkreuzung im Anschluß-Dreieck.

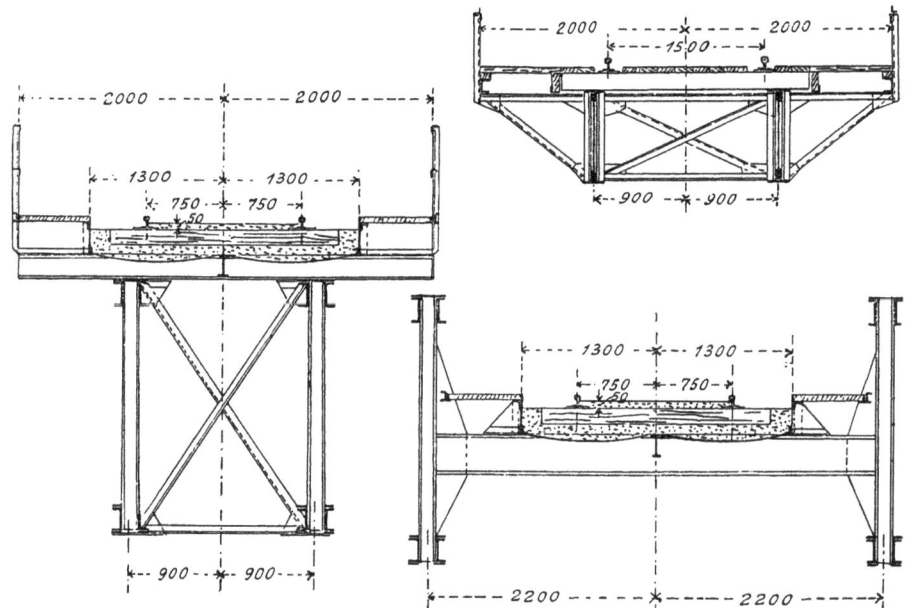

Abb. 37. Querschnitt über der eisenbahnfiskalischen Zufahrtstraße neben der Ringbahn (links u. oben) und der eisernen Viadukte über den tieferen massiven Viadukten (unten).

Zoologischer Garten (bzw. umgekehrt) so weit gehoben werden, dass der nötige Höhenunterschied zur schienenfreien Kreuzung gewonnen wird. Dieser schwankt bei 3,30 m[1] Lichthöhe und einer der Spannweite entsprechenden Konstruktionshöhe an den drei Kreuzungsstellen zwischen 4,15 m u. 4,40 m. Die beiden zuletzt genannten Richtungen zeigen also im Höhenplan eine Anschwellung, deren höchste Punkte auf + 48,11 bzw. 48,44 N. N.[2] liegen. Die Richtung Warschauer Brücke – Zoologischer Garten überschreitet die Richtung Potsdamer Platz-Warschauer Brücke, muss dagegen unter der Richtung Zoologischer Garten – Potsdamer Platz hindurchgeführt werden. Sie muss also im Höhenplan erst die Anschwellung der Richtung Warschauer Brücke – Potsda-

mer Platz, dann eine kräftige Einsenkung, schließlich wieder eine Steigung bis zur Kreuzung mit der Ringbahn machen. Die gleiche Bewegung im umgekehrten Sinne muss dann die Richtung Zoologischer Garten–Warschauer Brücke machen. Von den sechs Richtungen sind also nur zwei, die innerhalb des Anschlussdreiecks kein weiteres Gefälle zeigen. Die Steigungen wachsen hier stellenweise auf 1 : 38, die Krümmungs-Halbmesser sinken dabei bis auf 95 m in den Hauptgleisen herab. In den Anschlussgleisen nach dem Wagenschuppen, dessen eines Stockwerk mit den tiefliegenden Gleisen verbunden ist, während ein 2. Stockwerk, dessen Ausführung für später vorbehalten bleibt, mit den hochliegenden Gleisen verbunden werden kann, kommen Halbmesser von 50 m vor.

Die Abzweigungsstellen der drei Hauptrichtungen, sowie auch die Ab-

1) Für die Betriebsmittel festgesetztes Maß.
2) Der höchste Punkt der gesamten Hochbahnstrecke.

45

zweigungen zum Wagenschuppen sind durch Signale derartig gedeckt, dass, wenn eine Richtung durchfahren wird, stets die Weichen der anderen, in diese einmündenden Richtungen verriegelt sind. Sowohl die Signal- wie die Weichenstellung erfolgt auf elektrischem Wege von dem schon erwähnten Zentralstellwerk aus.

Über die Ausbildung der Konstruktion geben die schon bezeichneten Abbildungen sowie die *Abb. 36 u. 37* Aufschluss. Die Viadukte des Anschlussdreiecks selbst sind demnach größtenteils in Stein hergestellt. Eisen ist in dem tief gelegenen Teile nur zur Überbrückung von Durchfahrtstraßen angewendet, im hochgelegenen Teile namentlich an den Kreuzungsstellen der verschiedenen Fahrtrichtungen. Es ergaben sich dabei z. T. eigentümliche Formen für den Überbau der eisernen Brücken, bei

denen, an allen drei Kreuzungspunkten, nur derjenige Hauptträger über der Fahrbahn liegt, welcher mit Rücksicht auf die Freihaltung des Profils unter der Brücke diese Lage erhalten musste, während der andere der Raumersparnis wegen unter die Fahrbahn gelegt wurde. Mit Rücksicht auf die Lage dieser Bauwerke inmitten von Lagerplätzen hat man an einer solchen Lösung keinen Anstoß genommen *(vgl. Abb. 36)*.

Eine sehr schwere Konstruktion musste der Viadukt über der parallel zur Ringbahn vom Schöneberger Ufer bis zu den Lagerplätzen geführten Zufahrtsstraße erhalten. Hier stehen schwere Stützen-Portale von kastenförmigem Querschnitt über der Ladestraße, die in voller Breite von 10 m freigehalten werden musste. Auf diesen Portalen liegen, z. T. schon in verschiedener Höhenlage, die Hauptträger, deren zwei für jedes

| *Abb. 38 u. 39. Durchbrechung des Häuserblocks zwischen Trebbiner- und Luckenwalder Straße.*

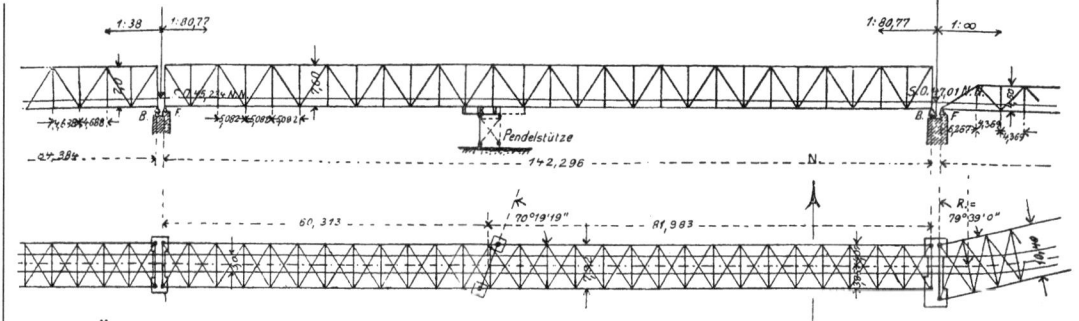

Abb. 40. Überbrückung der Ringbahn und des Potsdamer Außenbahnhofs.

Gleis in diesem Falle angeordnet werden mussten *(vgl. den Querschnitt Abb. 37).*

Interessante Punkte bilden die Durchdringungen der Häuserblocks an der Bülowstraße, bzw. dem Tempelhofer Ufer. Erstere war in einem schon bestehenden Haus herzustellen, letztere in einem Neubau anzulegen *(vgl. Abb. 38 u. 39).* Es war dabei Sorge zu tragen, dass sich die Betriebs-Erschütterungen nicht auf die Mauern des Gebäudes übertragen. Es ist daher die tragende Konstruktion der Hochbahn vom Fundament an völlig losgelöst von den Mauern des Gebäudes.

Bedeutende Brückenbauwerke erforderten die Überschreitung des Potsdamer Außenbahnhofs und der Anhalter Bahn. Im ersteren Falle mussten einige 20 Gleise, die sich zum Teil noch unter

Abb. 41. Überbrückung der Anhalter Bahn und des Landwehrkanals.

der Brücke verzweigen, mit einer Spannung in schräger Richtung überschritten werden, für welche nur eine eiserne Zwischenstütze zugelassen war. Für Letztere war noch die erschwerende Bedingung gegeben, dass sie, mit Rücksicht auf eine etwaige spätere Veränderung des Gleisplanes, innerhalb 9 m verschiebbar sein musste. Es ergab sich hieraus ein Träger von 142,296 m Spannweite, dessen allgemeine Anordnung in Aufriss und Grundriss in *Abb. 40* dargestellt ist. Die Zwischenstütze teilt diese Spannweite zur Zeit in 60,313 m bzw. 81,983 m. Die Verschieblichkeit der außerdem noch schräg zur Brücke in der Gleisrichtung stehenden Zwischenstütze ist dadurch ermöglicht, dass in den betreffenden Hauptträgerfeldern schwere Träger am Untergurt untergebaut sind, mittels deren die Brückenlast auf die Stütze übertragen wird. Die beiden Hauptträger sind hier an mehreren Knoten durch kräftige Portale ausgesteift. Das Bauwerk zeigt im übrigen keine besonders hervorzuhebenden Eigentümlichkeiten. Die Untergurte sind Π-, die Obergurte $\perp\!\perp$-, die Vertikalen $\mathbf{I}$-förmig. Die Streben sind $\mathbf{]\mathbf{[}}$-förmige Kasten mit Gitterwerk-Verbindung. Die Montage konnte von festen Rüstungen aus erfolgen. Das Gewicht der Brücke stellt sich auf 650 t, d. h. auf 4,6 t für 1 m.

Interessanter namentlich durch ihre schwierige Montage ist die Überbrückung des Landwehrkanales nebst der Anhalter Bahn. Der Kanal wird hier von der Hochbahnlinie unter sehr spitzem Winkel gekreuzt, so dass sich, da eine Zwischenstütze im Kanal natürlich ausgeschlossen war, eine Stützweite der Überbrückung von rd. 71,5 m[1] ergab. Die Gesamtansicht des Bauwerkes nebst den auf hohen Pendeljochen ruhenden Viaduktanschlüssen am Halleschen Ufer bzw. mit der Überbrückung des Tempelhofer Ufers zeigt unsere *Abb. 41*, während das System in *Abb. 42* wiedergegeben ist. Die Brücke ist auf der Seite des

1) In der Bahnachse gemessen.

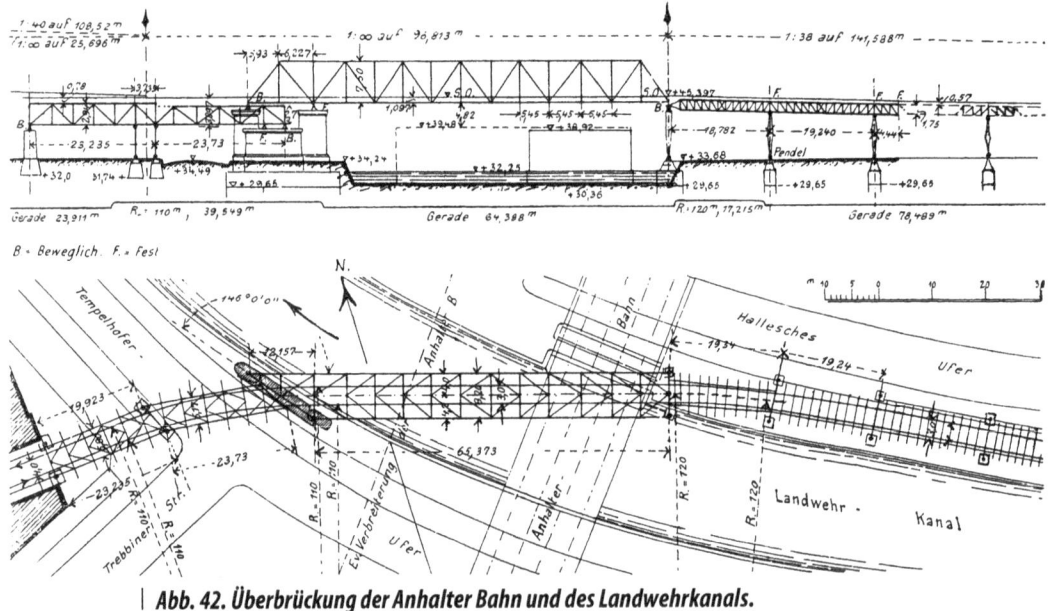

Abb. 42. Überbrückung der Anhalter Bahn und des Landwehrkanals.

Abb. 43. Schwimmend aufgestellte Montagerüstung für die Überbrückung des Landwehrkanals.

Tempelhofer Ufers auf einen Steinpfeiler aufgelagert, während am Halleschen Ufer unmittelbar vor der Überführung der Anhalter Bahn über den Landwehrkanal mit Rücksicht auf die Freihaltung der Ladestraße daselbst nur ein eisernes Pendeljoch angeordnet werden konnte. Auf diesem Joch sind die beweglichen Lager angeordnet, und zwar beide längsverschieblich. Das feste Auflager ist auf dem massiven Pfeiler vorgesehen, dessen zweites Auflager längsverschieblich und seitlich verschieblich ist. Die Übertragung der Längskräfte zwischen dem pendelnden Viadukt und der Brücke wird durch einen senkrechten Zapfen vermittelt, der vom Endquerträger der Brücke in den Portalbalken eingreift. Auf diesen Punkt wird auch der Winddruck durch den Spitzenwindverband der Fahrbahntafel übertragen. Die Brückenkonstruktion erscheint trotz der nicht unbedeutenden Spannung und der schweren Fahrbahnkonstruktion mit Kiesbettung verhältnismäßig leicht. Sowohl Unter- wie Obergurt zeigen nur einfache $\perp$-Form. Der Querschnitt im Endfelde besitzt ein Stehblech 320×20, zwei Winkel $150 \times 150 \times 14$ und eine Lamelle 400×10, in der Mitte ein Stehblech 420×20, das am Rande noch mit Flacheisen 200×14 beiderseits besäumt ist, zwei Winkel $150 \times 150 \times 14$ und vier Lamellen von 500 mm Breite und 10 mm bzw. 12 mm Dicke. Der Querschnitt schwankt dabei zwischen $184\,\text{cm}^2$ und $660\,\text{cm}^2$. Die Diagonalen und Vertikalen sind aus übereck gestellten Winkeln hergestellt, während die Portale einen kräftigen kreuzförmigen Querschnitt zeigen, bestehend aus zwei Stehblechen 480×20, vier inneren Winkeln an der Kreuzung $75 \times 75 \times 10$ und acht äußeren Winkeln an den Kreuzarmen $75 \times 90 \times 10$. Gesamtgewicht der Brücke 343 t, also rd. 5 t auf 1 m. Die schwierige

Montage nimmt einen erheblichen Teil der Kosten in Anspruch.

Der Montage-Vorgang wird durch die *Abb. 43 u. 44* erläutert. Da mit Rücksicht auf die Schifffahrt Rüstungen im Wasser nur unmittelbar an den Ufern zugelassen waren und die Anhalter Bahn ohne jede Betriebsstörung überbrückt werden musste, so war es nötig, zwei verschiedene Montagerüstungen herzustellen. Zur Überbrückung des Landwehrkanales wurde eine eiserne Fachwerkbrücke *(vgl. Abb. 43)* in ihrer richtigen Höhenlage auf Holzrüstungen montiert, die auf vier Prähmen ihre Stütze fanden. Diese Montage erfolgte dicht am Ufer, also ohne Schifffahrtsstörung. Dann wurden die beiden äußeren Prähme herausgenommen, so dass die Enden der Fachwerkbrücke frei schwebten, und nunmehr wurde das Ganze so geschwenkt, dass die Enden des Trägers ihre Stütze auf den vorher eingerammten Pfahljochen am linken Ufer bzw. neben der Anhalter Bahn am rechten Kanal-Ufer fanden. Die Überbrückung der Anhalter Bahn selbst erfolgte dann nach *Abb. 44* durch Vorstreckung einer

eisernen Rüstung vom rechten Ufer her bzw. vom Ende des vorgenannten Fachwerkträgers aus.

Zu bemerken ist noch, dass dieses Brückenbauwerk auch ein dekoratives Gewand in moderner Formensprache erhält, das aber zurzeit erst zum Teil angebracht ist *(vgl. Abb. 56)*.

c) Die Anordnung und Ausbildung der Haltestellen.

Die Lage der Haltestellen der Hochbahn geht aus dem Gesamt-Lageplan *Abb. 1* hervor. Einschließlich des östlichen Endbahnhofes WARSCHAUER BRÜCKE sind es zehn, die stets an wichtigen Verkehrs-Knotenpunkten und zwar unmittelbar an der Kreuzung des großen Ringstraßenzuges mit verkehrsreichen Querstraßen angeordnet wurden. Abgesehen von dem Endbahnhofe, der mit Rücksicht auf die hier erforderliche Zugumsetzung eine besondere Ausbildung erfahren musste, stimmen alle Hochbahn-Haltestellen darin überein, dass die beiden Gleise glatt durchgeführt und die Bahnsteige, nach Rich-

Abb. 44. Vorstreckung der Montagerüstung für die Überbrückung der Anhalter Bahn.

tungen getrennt, beiderseits der Gleise angeordnet worden sind. Es bietet eine derartige Anordnung den doppelten Vorteil, dass sich die Ausgestaltung des Unterbaues wesentlich vereinfacht – es konnte in den Normalhaltestellen der Unterbau der Viadukte wenn auch in verstärkter Form und mit weiter auseinander gerückten Hauptträgern und Stützen durchgeführt werden –, und der Verkehr wird sich bei der scharfen Richtungstrennung glatter abwickeln, als das zuzeiten starken Andranges auf der alten Stadtbahn der Fall ist. Die Bahnsteige sind ferner, um ein möglichst rasches Füllen und Entleeren der Züge auf den Haltestellen, also eine möglichst kurze Haltezeit zu erreichen, in eine Höhe von 0,80 m über Schienenoberkante gelegt, so dass nur eine Stufe von 0,16 m zur Höhe des Wagenfußbodens zu überwinden ist *(vgl. Abb. 54)*. Da die Wagen dementsprechend keiner Trittbretter bedürfen, konnten die Vorderkanten der beiderseitigen Bahnsteige bis auf 5,40 m genähert werden, d. h. bis auf je 1,20 m an Gleismitte in der Geraden. Die Bahnsteig-Oberkante liegt dann in denjenigen Strecken, in denen nicht aus örtlichen Gründen eine höhere Lage erforderlich wurde (GITSCHINER STRASSE, HALLESCHES UFER) entsprechend der Höhe der anschließenden Straßenüberführungen nur rd. 6,10 m über der Straße. Gestützt werden die Bahnsteige von Konsolen, die seitlich von den in 6 m Entfernung liegenden Hauptträgern auskragen. Sie sind abgedeckt mit Monierkonstruktion, auf welcher ein Gussasphalt-Belag ruht. Die Gleise nebst Bahnsteigen werden zum Teil von einer leichten Hallen-Konstruktion überdeckt, deren Seitenwände aus Eisenfachwerk mit Glas bestehen, während die in einfacher Weise hergestell-

ten gekrümmten Dächer mit Wellblech eingedeckt sind. Die Gesamt-Weite dieser Hallen stellt sich auf 11,90 m. Diese Überdeckung erstreckt sich vorläufig nur auf 45 m (4 Wagen) der Bahnsteige, während 30 m vorläufig offengeblieben sind. Wenn der Verkehr so stark gewachsen ist, dass längere Züge erforderlich werden, so ist auch eine Ausdehnung der Bahnsteig-Überdachung ohne Weiteres möglich. Von dem einen Kopfende der Bahnsteige führen getrennte Treppenläufe in je 2 m Breite zunächst so weit neben den Viadukten herab, bis die nötige Tieflage erreicht ist, um sie in einem gemeinsamen Podest und weiterhin einem Treppenlauf von 5 m Breite unter dem Viadukte zu vereinigen. Infolge dieser Anordnung braucht nur der Oberlauf eine besondere Überdeckung, während in dem durch ein Zwischen-Geländer in der Breite geteilten Unterlauf die Fahrkartenausgabe in bequem zugänglicher Weise angeordnet werden konnte. Die Ausstattung der gewöhnlichen Haltestellen ist im übrigen eine sehr einfache; Warteraum, Aborte usw. sind nicht vorgesehen. Die Treppenstufen sind aus Monierkonstruktion mit Asphaltbelag und Holzkanten ausgeführt. *Abb. 45* gibt ein Bild dieser typischen Ausbildung in der Haltestelle MÖCKERNBRÜCKE. Eine kleine Abweichung zeigt nur die Treppenanlage, da hier der Zugang vom seitlichen Bürgersteig her erfolgen musste. Die Fahrkartenausgabe ist hier in einem im Bild noch fehlenden Eisenfachwerks-Gebäude rechts vor der Treppe angeordnet.

Erheblichere Abweichungen wurden bedingt einerseits durch besondere örtliche Verhältnisse, welche eine andere Art der Zugänglichmachung der Haltestelle erforderten, bzw. durch das Bestreben, einzelne Haltestellen an hervorragenden Punkten durch eine wirkungsvolle, architektonische Gestaltung hervorzuheben. Von den Haltestellen ersterer Art gibt *Abb. 46* diejenige am STRALAUER TOR wieder, bei welcher zwischen dem Viadukt auf der Oberbaum-Brücke, der rechts auf dem Bild erscheint, und der Überführung der Stralauer Allee nicht die nötige Länge zur Unterbringung der Treppen verblieb. Hier ist auf einem Inselperron inmitten des Fahrdammes ein kleines Häuschen mit massivem Unterbau errichtet, von dem sich ein überdeckter Gang nach dem einen Bahnsteig über die Straße spannt. Für den anderen ist die Treppe im Viadukt der Oberbaum-Brücke eingebaut.

Besondere Zugänge mussten auch für die Haltestelle PRINZENSTRASSE geschaffen werden, weil hier die schmale Mittelpromenade die Herabführung der Treppen in der üblichen Weise nicht gestattete. Hier sind beiderseits Brücken über die Straßendämme bis zu den gegenüberliegenden Baufluchten gespannt und die Treppen und Zugänge einerseits durch Einbau in dem Grundstück Git-

schiner Straße 71, andererseits durch Errichtung eines kleinen Gebäudes auf dem Grundstück der englischen Gasanstalt geschaffen worden *(vgl. Abb. 85)*.

Schönheitsrücksichten waren ausschlaggebend für die anderweite Ausbildung der Haltestellen SCHLESISCHES TOR, HALLESCHES TOR, BÜLOWSTRASSE und NOLLENDORFPLATZ. Hier ist man in weitgehendem Maße den schon früher erwähnten Wünschen der Stadtgemeinden entgegengekommen. Zur Gewinnung von Plänen hat die Gesellschaft seiner Zeit einen Wettbewerb ausgeschrieben und sodann die Ausarbeitung namhaften Berliner Architekten übertragen[1].

Die Haltestelle SCHLESISCHES TOR, deren Architektur nach den Entwürfen von Grisebach & Dinklage ausgeführt wurde, ist die einzige Haltestelle, deren massiver Aufbau die Eisenkonstruktion völlig verdeckt. Das in Ziegelrohbau mit Werksteingliederung in den reizvollen Formen deutscher Renaissance ausgeführte Gebäude bietet in seinem Untergeschoss, abgesehen von den Zu-

1) siehe Kapitel VII.

Abb. 45 Haltestelle Möckernbrücke vor Fertigstellung der Fahrkartenausgabe.

gangstreppen und Nebenanlagen, Raum für Läden und Restauration. Auch die oberen Räumlichkeiten längs des einen Bahnsteigs werden zu Restaurationszwecken ausgenutzt. Die Gleise dieser Haltestelle liegen offen, die Bahnsteige liegen in Säulengängen, die mit getrennten Überdachungen versehen sind.

Die Haltestelle HALLESCHES TOR, die sich in ihrer Gesamtanordnung, abgesehen von der Gestalt des Hallendaches, der Normalform ziemlich anpasst, ist nach den Entwürfen von Solf & Wichards in ein reiches architektonisches Gewand gekleidet, das sich auch auf die Kreuzung des Viaduktes mit der Belle-Alliance-Brücke erstreckt *(vgl. Abb. 29)*. Um die Haltestelle möglichst dicht an die Brücke heranschieben zu können, war es notwendig, den Unterbau z. T. in das Kanalbett zu stellen. Es war das dadurch zulässig, dass die Belle-Alliance-Brücke mit ihrer Widerlagerflucht ebenfalls erheblich vor der Uferlinie vorspringt.

Von der Haltestelle BÜLOWSTRASSE zeigt *Abb. 47* den Längsschnitt mit der anschließenden Überbrückung der Pots-

damer Straße sowie den Querschnitt. Der eiserne Überbau ruht auf kräftigen massiven Pfeilern. Die Bahnsteige sind mit Rücksicht auf den hier zu erwartenden starken Verkehr auf je 3,5 m verbreitert. Der Halle ist an der Ecke der Potsdamer Straße ein geräumiges Treppenhaus vorgelagert, das den Schwerpunkt der architektonischen Ausgestaltung bildet. Der Architekt dieser Haltestelle, Bruno Möhring, hat sich in glücklicher Weise zur Ausschmückung der modernen Konstruktionen moderner Formensprache bedient.

Von der Haltestelle NOLLENDORFPLATZ, die infolge der schon früher geschilderten Schwierigkeiten hinsichtlich der Festlegung des Anfangspunktes der Rampe zur Untergrundbahn, noch am weitesten zurück ist, sei nur hervorgehoben, dass ihre Anlage eine vollständige Umgestaltung des Platzes namentlich durch die anschließende Rampe bedingte.

Wie schon früher hervorgehoben wurde, musste der Rampe wegen, die unmittelbar hinter der Haltestelle an-

Abb. 46 Haltestelle Stralauer Tor, rechts der Viadukt der Oberbaumbrücke.

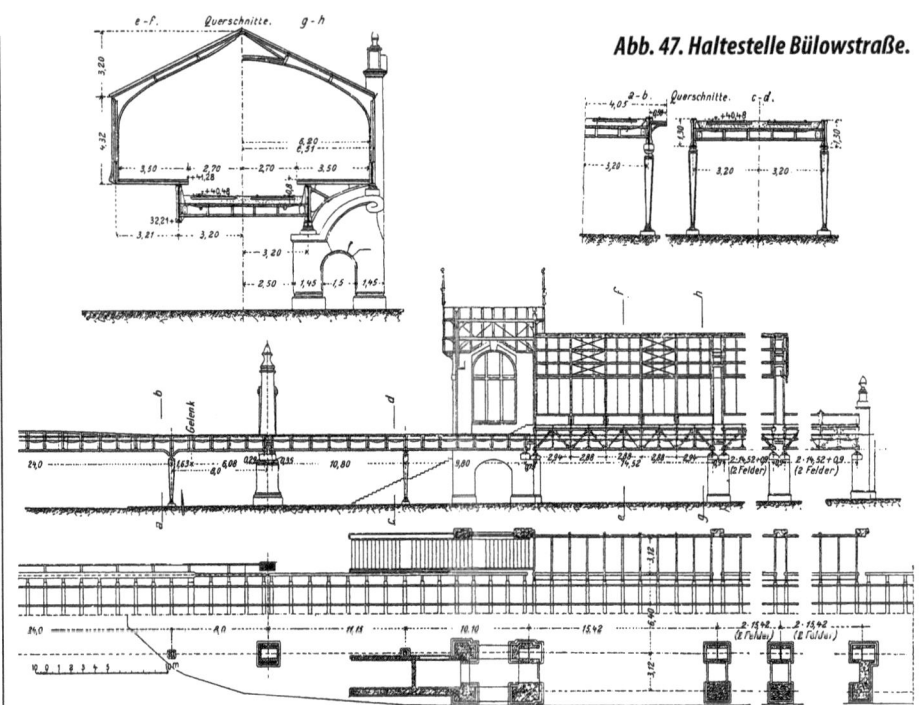

Abb. 47. Haltestelle Bülowstraße.

fängt, die westliche Umfahrt um den Platz für Fuhrwerke geschlossen werden. Die Gartenanlagen sind daher bis an den zwischen massiven Futtermauern gelegenen Teil der Rampe herangeführt. Ein aus der Viadukt-Anlage sprudelnder Quell fällt hier in ein neu angelegtes Wasserbecken. Quer durch den Platz war ursprünglich eine breite Fahrstraße geplant. Man hat diesen Plan, durch welchen die gärtnerische Ausschmückung des Platzes jedenfalls sehr erschwert worden wäre, zweckmäßigerweise wieder fallenlassen. Ein dringendes Verkehrsbedürfnis lag auch nicht vor. Außerdem würde die rechtwinklige Kreuzung der beiden den Platz umziehenden elektrischen Straßenbahnen, unmittelbar beim Austritt aus den gärtnerischen Anlagen des Platzes, für die Verkehrssicherheit wohl auch bedenklich gewesen sein. Die architektonische Ausbildung lag hier in den Händen der Architekten Cremer & Wolffenstein, die im Mittelpunkte des Platzes einen Kuppelbau geschaffen haben, der ein weithin sichtbares Wahrzeichen der Hochbahn bildet.

Abb. 48. Endbahnhof Warschauer Brücke.

54

Vom technischen Standpunkt aus am interessantesten ist der Endbahnhof WARSCHAUER BRÜCKE, der in *Abb. 48* im Plan, *Abb. 49* im Querschnitt durch die Wagenhalle bzw. Reparatur-Werkstatt dargestellt ist. Dieser Bahnhof erstreckt sich von der Unterführung der Stralauer Allee bis zur Überführung der Warschauer Straße über die Ringbahn in einer Längsausdehnung von 332,6 m und einer durchweg gleichen Breite von 26,5 m.

Die Warschauer Straße steigt auf dieser Strecke bis zur Warschauer Brücke bis zur Planumshöhe der Hochbahn an. Diese liegt daher, vom östlichen Bahnhofsende aus gerechnet, zunächst zwischen Futtermauern, dann in den Hauptgleisen auf massiv gewölbten Viadukten, deren Bögen teils vermietet, teils zu Werkstattzwecken verwendet werden. Die Personen-Haltestelle liegt unmittelbar an der Warschauer Brücke. Da ein Ausziehgleis hinter der Haltestelle hier nicht möglich war, so sind drei Bahnsteige angeordnet, von denen der dritte zwischen den durch Kreuzweiche verbundenen Hauptgleisen liegt. Die Züge können in jedes Gleis einfahren,

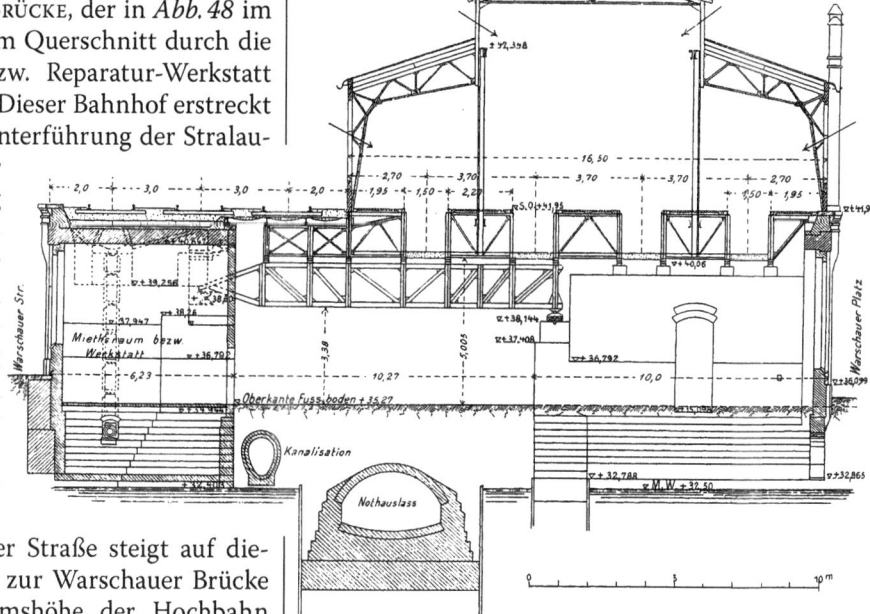

Abb. 49. Endbahnhof Warschauer Brücke.

wobei stets rechts ein- und ausgestiegen wird, wie auf allen anderen Haltestellen. Die Bahnsteige sind mit einer Hallen-Konstruktion überdeckt, welche die Gleise offen lässt. Die Gleisanlage wird vervollständigt durch zwei neben den Hauptgleisen liegende, an diese durch Weichenstraßen angeschlossene Ausziehgleise, von denen das eine auch zur Aufstellung von Reservezügen dient, das andere den Verkehr zum großen Wagenschuppen nebst Reparatur-Werkstatt

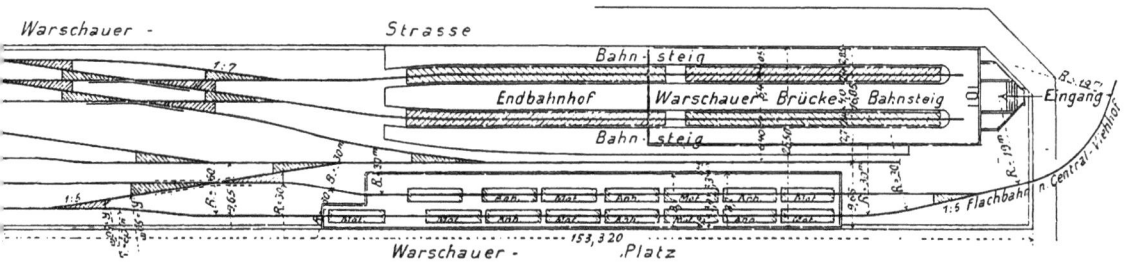

vermittelt. Wie die *Abb. 52* zeigt, ruht der Unterbau der Wagenhalle teils auf massiven Pfeilern, teils auf dem Viadukt der Hauptgleise. Dazwischen sind mit Rücksicht auf einen großen Notauslass der städtischen Kanalisation weit gespannte Fachwerkträger gespannt, auf denen die eine Hallenseite steht. Die dreischiffige Halle ist in Eisenfachwerk konstruiert und mit außerordentlich großen Glasflächen ausgestattet, so dass die Tages-Beleuchtung im Inneren eine sehr gute ist. Das Mittelschiff ist mit einem Laufkran ausgestattet, der bei der Montage der Wagen in Tätigkeit tritt. Durch eine Hebebühne können die Wagen auch in die unteren Werksträume gebracht werden. Das an die Stralauer Allee anstoßende Bahnhofs-Gelände

bietet noch Raum zu einer entsprechenden Erweiterung des Schuppens, die voraussichtlich schon bald erfolgen muss.

Wie schon früher erwähnt wurde, schließt sich vom Endbahnhof WARSCHAUER-BRÜCKE eine Flachbahn zum Zentral-Viehhof an, die unmittelbar neben der Personen-Haltestelle der Hochbahn abzweigt, so dass hier ein Übergang in bequemer Weise ermöglicht ist. Ein besonderer Wagenschuppen nimmt die Betriebsmittel dieser Flachbahn auf.

Zu bemerken ist noch, dass der Weichenwinkel in den Hauptgleisen des Endbahnhofes 1:7 beträgt, in den Nebengleisen an einigen Stellen 1:5. Die Krümmungs-Halbmesser sinken in den Nebengleisen der Hochbahn bis auf 50 m herab. ❐

IV.

Oberbau, Betriebsmittel, Leistungsfähigkeit, Fahrpreise und Signalwesen

Die Hoch- und Untergrundbahn ist auf ihrer ganzen Länge mit einem Oberbau von Wechselsteg-Schienen mit Blattstoß auf hölzernen Querschwellen ausgerüstet, jedoch mit sehr verschiedenen Abmessungen und Gewichten auf der östlichen und westlichen Strecke, entsprechend der schon geschilderten verschiedenartigen Ausbildung der Viadukte. Während die Gleise im Westen in der Kiesbettung der Fahrbahntafel ruhen, in der Schwellenteilung also unabhängig von der Querträgerteilung sind und demgemäß nur eine Höhe von 11,5 cm zu erhalten brauchten, werden die Gleise auf der östlichen Strecke zwar auch von Querschwellen gestützt, die aber nur über den Querträgern und zwar auf flusseisernen Unterlagsplatten

liegen. Die Schienen tragen daher 1,5 m frei und haben die große Höhe von 18 cm. Beide Profile nebst Stoßlaschen sind in den *Abb. 50 u. 51* dargestellt. Sie wiegen für 1 m 25,6 kg bzw. 47,2 kg, die Schienenlänge beträgt 12 m.

Auf weitere Einzelheiten des Oberbaues, namentlich auch der Weichen einzugehen, die in der Ausbildung der Zunge und auch noch sonst in verschiedenen Punkten von den preußischen Normalien abweichen, verbietet uns der Raum. Erwähnt sei nur noch, dass abgesehen von den Weichenverbindungen in den drei Endbahnhöfen WARSCHAUER BRÜCKE, ZOOLOGISCHER GARTEN und

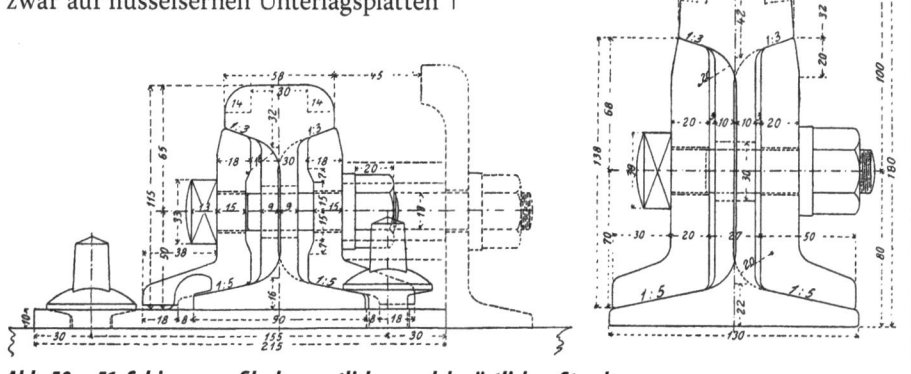

Abb. 50 u. 51. Schienenprofile der westlichen und der östlichen Strecke.

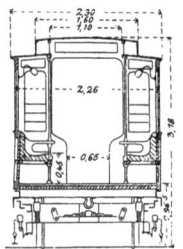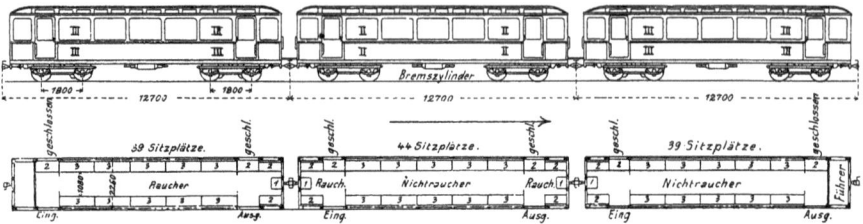

Abb. 52. Darstellung eines Zugs nebst Wagen-Querschnitt.

POTSDAMER PLATZ, sowie abgesehen vom Anschlussdreieck, noch an 3 Stellen, nämlich am WITTENBERGPLATZ und neben den Haltestellen KOTTBUSSER TOR und HALLESCHES TOR Gleisverbindungen eingelegt sind, um bei Betriebsstörungen von einem Gleis auf das andere übergehen zu können.

Von den Betriebsmitteln geben wir in *Abb. 52* eine schematische Darstellung eines Zuges von zwei Motorwagen und einem Beiwagen in der Mitte, also das Bild eines Normalzugs, wie sie zunächst auf der Bahn verkehren sollen. In *Abb. 53* ist die äußere Erscheinung eines Motorwagens wiedergegeben und *Abb. 54* stellt das Profil des Lichtraums, sowie die Umgrenzung der Betriebsmittel dar, wie sie nach der landespolizeilichen Genehmigung nicht überschritten werden durften. Tatsächlich sind die Wagenmaße z. T. kleiner, der Anordnung der Brücken, Bahnsteige usw. liegt aber das gezeichnete Profil zugrunde. Wie schon bei der Beschreibung der Untergrundbahnstrecke betont wurde, mussten bei der Wahl der Wagenabmes-

sungen zwei sich widerstreitende Anforderungen sorgfältig gegeneinander abgewogen werden, denn während die Bequemlichkeit des Publikums, sowie auch die Vereinfachung der Wagenkonstruktion und die Unterbringung der Motoren eine gewisse Weiträumigkeit des Wagen-Querschnittes erforderte, drängte sowohl die Lage der Bahn inmitten der Stadt als auch die Rücksicht auf die Kosten, namentlich im Hinblick auf die Untergrundbahn, zu möglichster Einschränkung. Man hat eine Höhe des Wagens von 3,18 m über Schienenoberkante gewählt und eine größte Breite von 2,36 m an den Dachvorsprüngen. Es bleiben also hier bis zu den Tunnelwandungen noch je 120 mm Spielraum, während die Seitenwände des Wagenkastens sogar um 320 – 360 mm zurückbleiben. Der Wagenfußboden liegt 965 mm über Schienenoberkante, so dass sich die Drehgestelle bequem unter demselben – ohne schwierige Konstruktionen wie in Budapest – unterbringen ließen. Die Länge des Wagenkastens beträgt 12 m, der Abstand der Pufferflächen 12,70 m, derjenige der Zapfen der beiden Drehgestelle 7,5 m.

Es sind zwei Wagenklassen vorhanden, die in Übereinstimmung mit der Stadtbahn mit II. und III. Klasse bezeichnet

Abb. 53. Motorwagen.

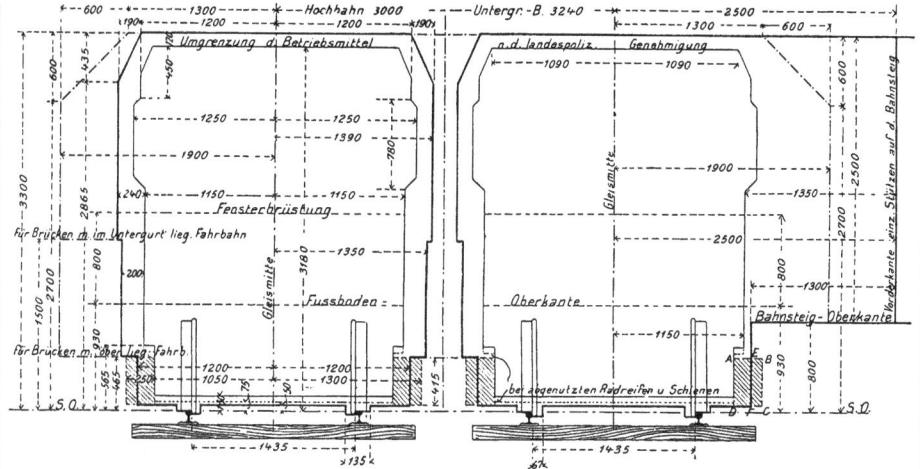

wurden; die II. Kl. ist mit Polstersitzen, die III. Kl. mit Holzsitzen und -Lehnen ausgestattet; die Motorwagen führen die III. Kl. Jeder Wagen ist mittels durchbrochener Querwände in einen größeren Mittelraum und zwei kleine Vorräume an den Kopfenden geteilt, in welche die 0,8 m breiten seitlichen Schiebetüren führen, deren also vier vorhanden sind. Die Türen an der linken Seite (in der Fahrtrichtung verstanden) sind, da nur rechts ausgestiegen wird, dabei stets geschlossen, die an der rechten Seite sollen möglichst getrennt dem Ein- und Ausstieg dienen. Die Anordnung ist also bezüglich der Türen die gleiche, wie bei der Pariser Stadtbahn. Bei starkem Andrang wird sich aber wohl auch hier, wie dort, die scharfe Trennung des Ein- und Ausgangs nicht durchführen lassen. An den Kopfenden der Wagen sind kleine Drehtüren angebracht, die als Nottüren nach dem nächsten Wagen dienen können. In den Motorwagen ist am Kopfabteil noch ein besonderer Raum für den Führer abgetrennt, der also mit dem Publikum gar nicht in Berührung kommt, um nicht von seiner Aufmerksamkeit abgezogen zu werden. Vor den jeweils geschlossenen Türen

Abb. 54. Lichtraumprofil und Umgrenzung der Betriebsmittel.

können Sitze aufgeklappt werden, so dass dann die Beiwagen 44 Sitzplätze fassen, die Motorwagen 39. Die Sitze sind längs angeordnet und haben je 50 cm Breite für die Person; 49 cm verlangt das Polizei-Präsidium. Zwischen ihnen bleiben Gänge von 1,08 m bzw. 1,02 m übrig, so dass also noch Stehplätze in größerer Zahl vorhanden sind. Die Seitenwände des Wagenkastens werden in mehr als halber Höhe ganz von feststehenden Fenstern eingenommen. Nur die Fenster an den Kopfenden lassen sich öffnen. Die Lüftung erfolgt, wie bei den Straßenbahnwagen üblich, durch seitliche Fenster im Dachaufbau, die sich um eine senkrechte Achse drehen, so dass sie nach Bedarf gestellt werden können. Die Beleuchtung wird durch 12 Glühlampen, die aus der Arbeitsleitung mitgespeist werden, bewirkt. Außerdem sind Notlampen vorgesehen.

Das Gewicht eines voll besetzten Motorwagens stellt sich auf 24 t, das sich ziemlich gleichmäßig auf die vier Achsen verteilt, so dass also, wie schon erwähnt, der Berechnung der Viadukte und Brücken ein Lastenzug von je 6 t Achsdruck zugrunde gelegt werden konnte.

Jeder Wagen besitzt zwei doppelachsige Drehgestelle, deren Radstände von 1,80 m das anstandslose Durchfahren der schärfsten Krümmungen gestatten[1]. Der Rahmen des Drehgestelles, der in üblicher Weise federnd auf den Radachsen gelagert ist, liegt außerhalb der 0,85 m im Durchmesser des Laufkreises haltenden Räder. Der Wagenkasten ruht mittels Spurzapfen wiederum federnd auf dem Drehgestell, und außerdem sind, um das Wiegen der Wagen zu vermeiden, zwischen dem Fußboden und dem Rahmen des Drehgestelles noch Spiralfedern eingeschaltet, die natürlich auf Rollen verschieblich ausgeführt werden mussten, um die gegenseitigen Verschiebungen von Drehgestell und Wagenkasten mitmachen zu können.

Die Motorwagen sind mit je drei vierpoligen Gleichstrommotoren ausgerüstet, und es kann noch ein vierter Motor eingesetzt werden, wenn später bei stärkerem Verkehr jedem Zuge zwei Beiwagen eingefügt werden. Diese Motoren sind so eingebaut, dass sie auf der einen Seite mit zwei Halslagern die Achse umfassen, an der anderen federnd am Drehgestell aufgehängt sind. Sie wirken mit Zahnradübersetzung auf die zugehörige Wagenachse und besitzen eine solche Leistungsfähigkeit, dass sie dem Zug eine Höchstgeschwindigkeit von 50 km/h zu geben vermögen. Die Motoren jedes Triebwagens sind dauernd parallel geschaltet, während sich diejenigen der beiden Triebwagen eines Zuges bei Vorwärtsfahrt abwechselnd in Reihen- oder Parallelschaltung befinden. Bei Rückwärtsfahrt, also namentlich im Verschiebedienst und beim Bremsen durch Kurzschluss, wirken nur

1) 80 m an der Kaiser Wilhelm-Gedächtniskirche.

die Motoren des führenden Wagens. Die Wagen sind mit einer Carpenter-Luftdruckbremse ausgerüstet, welche für gewöhnlich allein gebraucht wird. Außerdem vorgesehene Handbremsen dienen nur dem Verschiebedienst, während die Kurzschlussbremsung natürlich nur im Falle der Not angewendet werden darf. Die Motoren, Bremsen usw. werden lediglich von dem vorderen Triebwagen aus durch den Wagenführer ein- und ausgeschaltet, mittels des dort angeordneten Kontrollers. Zur Stromentnahme aus der Arbeitsleitung sind die Triebwagen mit je zwei Gleitschuhen ausgerüstet, um auch in den Weichen den Kontakt aufrechtzuerhalten. Zur Bedienung der Züge werden je ein Wagenführer und Zugbegleiter in Dienst gestellt.

Wie schon erwähnt, sollen sich die Züge zunächst aus zwei Motorwagen und einem Beiwagen zusammensetzen und in Abständen von 5 Minuten verkehren. Jeder Zug enthält nach vorstehenden Ausführungen 122 Sitzplätze, außerdem werden zu Zeiten starken Verkehrs auch die reichlich vorhandenen Stehplätze, wie bei der Stadtbahn, in ausgiebiger Weise ausgenutzt werden. Die Leistungsfähigkeit ist also eine recht erhebliche und kann bei 2½-Minuten-Betrieb und schließlich bei Zügen aus sechs Wagen auf das Doppelte und zuletzt Vierfache gesteigert werden.

Einstweilen ist ein Wagenpark von 42 Trieb- und 21 Beiwagen beschafft worden. Es sind jedoch bereits weitere 14 Triebwagen und 7 Beiwagen in Auftrag gegeben. Es werden alsdann 28 Züge im ganzen vorhanden sein, mit welchen sich ein teilweiser 2½-Minuten-Betrieb durchführen lässt.

Das Signalwesen ist, abgesehen vom besonderen Dienst am Anschlussdreieck, der schon geschildert wurde, ein sehr einfacher. Die Haltestellen besitzen lediglich ein Ausfahrtssignal für jede Richtung, das derartig blockiert ist, dass eine Umstellung und eine Freimeldung der Strecke nach der zurückgelegenen Haltestelle erst dann möglich wird, wenn der Zug einen um Zuglänge jenseits der ersteren Haltestelle gelegenen Schienenkontakt überfahren hat. Hierdurch wird selbsttätig der Block ausgelöst und es kann nunmehr mit Drahtzug das Signal auf Halt gestellt und dann erst das Signal freie Ausfahrt nach der rückwärtigen Haltestelle gegeben werden. Auf eine elektrische und selbsttätige Umstellung auch der Signale hat man im Interesse der größeren Betriebssicherheit und Einfachheit verzichtet. Für die Verständigung zwischen den einzelnen Haltestellen dient ausschließlich das Telefon, das in diesem Falle derart eingerichtet ist, dass in einfacher Weise, ohne Umschaltung nach der nächsten vorwärts liegenden Haltestelle, nach der zurückliegenden und schließlich nach dem Kraftwerk gesprochen werden kann. Die Apparate sind zu diesem Zwecke mit drei Hörern ausgestattet, deren Abnahme unmittelbar die entsprechende Verbindung herstellt. ❐

V.

Das Kraftwerk und die elektrischen Leitungen auf der Strecke

Zur Lieferung der erforderlichen Betriebskraft ist etwa im Mittelpunkt der ganzen Anlage und unmittelbar neben dem Anschlussdreieck, also an der Stelle des grössten Kraftverbrauchs, in der Trebbiner Straße neben dem von der Hochbahn durchbrochenen Gebäude ein besonderes Kraftwerk errichtet worden, das auf der *Abb. 39* mit Fassade und Schornstein in die Erscheinung tritt und in beistehender *Abb. 55* im Querschnitt zur Darstellung gebracht ist.

Das Gebäude des Kraftwerks, dessen Fassade von Paul Wittig entworfen und als Ziegelrohbau in ansprechenden Formen, unmittelbar an der Straße gelegen, ausgeführt wurde, besitzt ein Kellergeschoss, in welchem zwischen den kräftigen tragenden Pfeilern die Kondensatoren, Speise- und Luftpumpen Aufstellung gefunden haben, ein hohes Erdgeschoss, das sich nach außen durch große Fenster kennzeichnet und in welchem die Dampfmaschinen nebst den Dynamos, sowie die Schaltbretter Unterkunft fanden, ein Zwischengeschoss, das nach außen wenig in die Erscheinung tritt, in dem nur die Schlacken- und Fuchskanäle untergebracht sind, und schließlich ein Obergeschoss mit steilem, von großen Glasflächen durchbrochenem Dach, das zur Aufnahme der Kessel und darüber der Kohlenbunker dient, eine Anordnung, wie sie zur Ersparung von Grund und Boden auch in einigen Zentralen der Berliner Elektrizitätswerke bereits ausgeführt ist.

Die Kessel, Röhrenkessel System Gehre der Rather Kesselfabrik, sind zu beiden Seiten eines breiten Mittelganges angeordnet. Es sind zunächst sechs Stück aufgestellt von je 230 m² Heizfläche, 10 Atm. Überdruck. Sie sind mit Dampfüberhitzern ausgestattet, welche eine Überhitzung des Dampfes bis 225° C. gestatten. Zur Speisung dienen zwei Dampfpumpen von je 44 m³ Leistungsfähigkeit in der Stunde.

Die Wasserentnahme findet aus dem Landwehrkanal statt, und zwar im Bedarfsfall unmittelbar, sonst aus einem zwischengeschalteten Sammelbehälter, in welchen auch der Abdampf der Pumpen und das Kondensationswasser aus den Dampfleitungen eingeführt werden. Zur Hebung der Kohlen nach dem etwa 15 m über Straße liegenden Kesselraum sind maschinelle Kohlenbeförderungs-Anlagen eingerichtet. Von den Kesseln führen der Betriebs-Sicherheit halber doppelte Rohrleitungen zu den Pumpen.

Der Schornstein musste mit Rücksicht auf die hohe Lage der Kessel eine sehr beträchtliche Höhe erhalten. Er ist 80 m hoch (entspricht also dem Rathausturm), wovon jedoch nur 65 m für die Kesselfeuerung nutzbar sind. Der obere Durchmesser beträgt 3,5 m. Der untere Teil dieses Schornsteines konnte zu verschiedenen Zwecken, Anlage eines Baderaumes, Aborten usw. ausgenutzt werden.

Die Dampfmaschinen sind von der Firma A. Borsig geliefert und als stehende Compound-Kondensations-Maschinen ausgebildet. Es sind vorläufig drei solcher Maschinen aufgestellt, während Platz für fünf vorhanden ist. Außerdem kann das Gebäude der Kraftzentrale auf dem bereits erworbenen Nachbargrundstück noch so weit vergrößert werden, dass die Aufstellung von zwei weiteren Maschinen möglich wird. Jede Maschine leistet bei 9 Atm. Anfangsspannung normal 900 PS (max. 1200 PS). Sie besitzen Schwungräder von 33 t Gewicht, die von einem 20 PS-Elektromotor angedreht werden. Das Abwasser der Kondensatoren wird Klärbrunnen und von diesen wieder dem Landwehrkanal zugeführt. In dem durch eine Stützenreihe geteilten Maschinenraum sind zwei Laufkräne, der eine von 15 t, der andere von 20 t Tragfähigkeit eingebaut. Da die der Dampf-

kessel-Anlage entsprechende Gebäudetiefe im Erdgeschoss nicht benötigt wird, war hier die Einfügung einer kleinen Reparatur-Werkstatt möglich.

Die von Siemens & Halske selbst gelieferten Dynamomaschinen sind mit

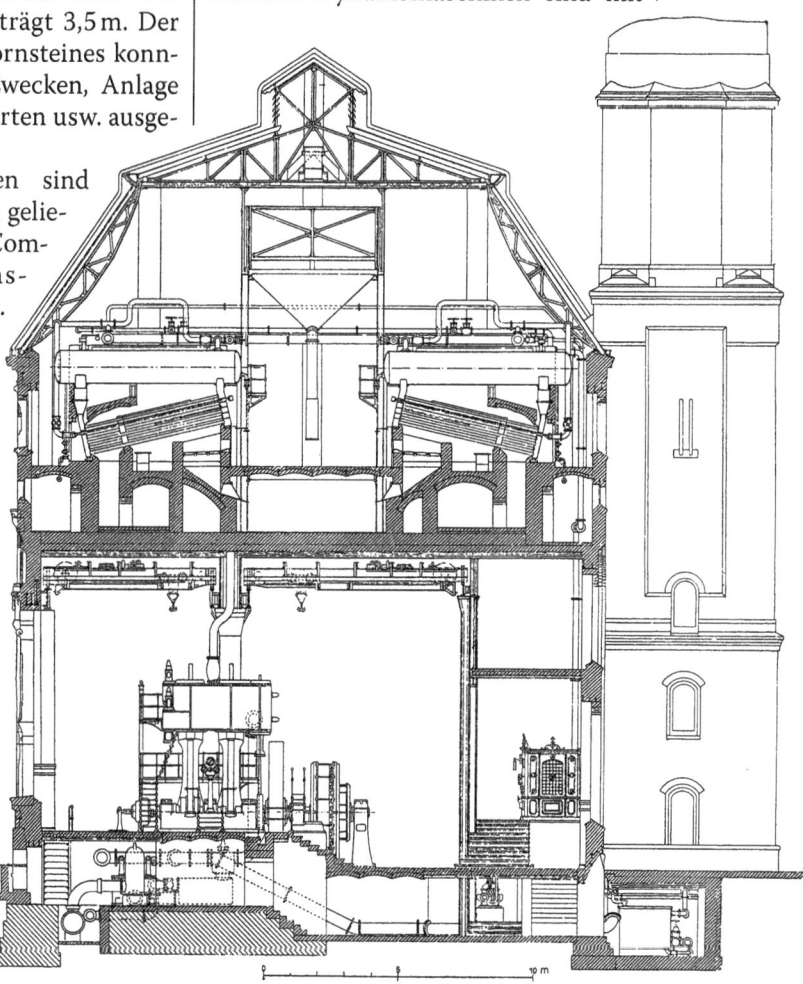

Abb. 55. Kraftwerk am Tempelhofer Ufer.

den Dampfmaschinen unmittelbar gekuppelt. Ihre Leistung beträgt bei 750 V Spannung je 800 kW. Der von ihnen erzeugte Gleichstrom wird mit Bleikabeln dem Schaltbrett zugeführt, das mit den verschiedenen erforderlichen Schalt-

und Messapparaten ausgerüstet ist. Von der Hauptsammelschiene zweigen dann die Speiseleitungen ab, die derart mit selbsttätigen Starkstrom-Ausschaltern ausgerüstet sind, dass bei zu großer Stromentnahme auf der Strecke und bei Kurzschluss ein Ausschalten der betreffenden Speiseleitung stattfindet. Außerdem sind noch in allen Leitungen Abschmelzsicherungen eingelegt. Da der Stromverbrauch im Betrieb sehr erheblichen Schwankungen unterworfen ist, so sind kräftige Pufferbatterien erforderlich, die so stark bemessen sind, dass sie eine Maschine während der Dauer einer Stunde voll ersetzen können. Eine weitere Akkumulatoren-Batterie dient den Beleuchtungszwecken. Beide sind in den nahe gelegenen Viadukten des Anschlussdreiecks untergebracht.

Außer den Speiseleitungen, welche an die als Arbeitsleitung dienende dritte Schiene (s. u.) den Strom zum Betrieb abgeben, sind noch Lichtleitungen zur Beleuchtung der Haltestellen, der Block- und Weichensignale, der Wagenschuppen und Werkstätten, Leitungen für die Sicherung der Signale, für die Fernsprechleitungen, und schließlich für das Anschlussdreieck noch Leitungen für den elektrischen Betrieb der von einem Stellwerk aus bedienten Weichen und Signale erforderlich geworden, die teils als blanke Leitungen, teils als Kabel verlegt wurden.

Für jede Fahrtrichtung ist eine besondere Arbeitsleitung verlegt, welche aus einer dritten Schiene besteht, die auf der Hochbahn zwischen, auf der Untergrundbahn außerhalb neben den Gleisen angeordnet und mit der Speiseleitung gut leitend verbunden ist. Ein an den Motorwagen angebrachter Gleitschuh entnimmt aus dieser Schiene den Strom für die Motoren, für die Beleuchtung und Heizung der Wagen. Diese Arbeitsleitung hat die Form einer Eisenbahnschiene, die an den Stößen durch Kupferbügel gut leitend verbunden ist. Der Schienenkopf liegt 180 mm über Schienenoberkante der Fahrschiene, auf der Untergrundbahn noch 50 mm höher. Durch letztere Anordnung wird ein selbsttätiges Einschalten der Wagenbeleuchtung erzielt, sobald der Zug in die Tunnelstrecke einfährt. Die Arbeitsleitung ist mit Isolatoren auf den Querschwellen bzw. auf Langhölzern befestigt, die auf den Querträgern der Fahrbahntafel liegen. Gegen Berührung ist sie durch zwei Längsbalken geschützt, die parallel zu den Gleisen über der Leitungsschiene liegen. Es ist auf diese Weise für das Streckenpersonal ein sicheres Übersteigen der Leitung ermöglicht. Besondere Schutzvorrichtungen sind noch da getroffen, wo Leitungen des öffentlichen Fernsprechnetzes den Bahnkörper kreuzen. Um auch in den Weichen die Stromzuführung zu sichern, trotz der hier erforderlichen Durchbrechung der Arbeitsleitung, ist jeder Motorwagen mit zwei Stromabnehmern ausgerüstet, so dass der Zug im ganzen vier besitzt, von denen mindestens einer den Kontakt aufrechterhält.

Die Rückleitung des Stromes erfolgt durch die Fahrschienen. ❐

VI.

Gesamtkosten des Unternehmens, Verträge mit den beteiligten Stadtgemeinden

Schlussbetrachtungen

Zur wirtschaftlichen Durchführung der oben beschriebenen Linie und deren zukünftigen Erweiterungen wurde im April 1897 unter Führung der Deutschen Bank die Gesellschaft für elektrische Hoch- und Untergrundbahnen in Berlin begründet zum Zweck des Baus und Betriebs von elektrischen Stadtbahnen für Berlin und die Nachbargemeinden. Zwischen Siemens & Halske und genannter Gesellschaft wurde im Juli 1897 ein Vertrag geschlossen. Hiernach wurde seitens der Firma die betriebstüchtige Ausführung der Bahn nach dem ursprünglichen Entwurf, der also mit Ausnahme der Abzweigung zum Potsdamer Platz nur eine Hochbahn vorsah, für die Gesamtsumme von 15,25 Mill. $\mathcal{M}$ übernommen, wobei eine etwaige Überschreitung dieser Kosten höchstens bis zu 5 % besonders vergütet werden sollte. Nicht einbegriffen sind in diesem Betrage die Bauzinsen sowie die Grunderwerbskosten, die auf rd. 8 Mill. $\mathcal{M}$ veranschlagt waren, von welchen übrigens rund 4 Mill. $\mathcal{M}$ als durch den Wert der Restgrundstücke gedeckt angesehen wurden. Die Gesamtkosten waren einschl. Bauzinsen und Nebenkosten auf etwa 25 Mill. $\mathcal{M}$ veranschlagt.

Das Unternehmen hat dann während der Ausführung in stetem Zusammenwirken zwischen Siemens & Halske und der Gesellschaft für elektrische Hoch- und Untergrundbahnen in Berlin die eingreifendsten Umänderungen, Erweiterungen und Vergrößerungen seiner Anlagen und Betriebs-Einrichtungen erfahren, unter denen hervorzuheben sind: die Anlage der schienenfreien Kreuzung im Anschlussdreieck zur Ermöglichung dichtester Zugfolge; die teilweise Umwandlung der Hochbahn zur Unterpflasterbahn vom Nollendorfplatz ab in Verbindung mit der Konzession für die Fortführung der Bahn bis in das Innere von Charlottenburg hinein; die Vergrößerung des Kraftwerks und der Werkstätten; die Erweiterung des Bahnhofs am Potsdamer Platz behufs Schaffung von Aufstellgleisen, und die Verlängerung des Bahnhofs durch einen Tunnel in der Königgrätzer Straße; die Anlage eines unterirdischen Aufstellungs-Bahnhofs in der Hardenbergstraße, die Vermehrung des Betriebsparkes behufs Ermöglichung eines 2½-Minutenverkehrs auf der Weststrecke; die Ausführung einer 2 km langen Flachbahn als Zuführungslinie vom

Zentralviehhof bis zum Endbahnhof WARSCHAUER BRÜCKE.

Durch die Aufwendungen für diese Erweiterungen, für die von den Stadtgemeinden verlangte architektonische Ausbildung der Hauptbauwerke, auch durch Bauverzögerungen und Preissteigerungen haben die Gesamtkosten ein verändertes Bild erhalten, das sich erst nach den Abrechnungen genauer feststellen lassen wird. Schon jetzt aber lässt sich übersehen, dass der Durchschnittspreis der Bahn für 1 km die Höhe von 3 Mill. $\mathcal{M}$ nicht erreichen wird. Sie wird also billiger bleiben, als die Untergrundbahn in Paris, bei der 1 km rd. 3,5 Mill. $\mathcal{M}$ kostete, und nicht halb so teuer werden, wie die Central-London-Bahn, bei der sich 1 km auf mehr als 7 Mill. $\mathcal{M}$ stellte.

Nach den vorliegenden Erfahrungen werden sich die reinen Baukosten für das lfd. Meter einer glatten Strecke der Hochbahn auf 1000 – 1200 $\mathcal{M}$, das einer Untergrundbahn auf 2000 $\mathcal{M}$ belaufen.

Zur Deckung der bisher entstandenen Kosten wurden 1897 12,5 Mill. $\mathcal{M}$ in Aktien, 1899 7,5 Mill. $\mathcal{M}$ in 4 %igen Obligationen und 1901 nochmals 7,5 Mill. $\mathcal{M}$ Aktien ausgegeben. Die Anleihe ist im Ganzen auf 12,5 Mill. $\mathcal{M}$ bemessen, es sind jedoch 5 Mill. $\mathcal{M}$ Obligationen noch im Besitze der Gesellschaft.

Siemens & Halske hat sich für das erste Betriebsjahr, also für 1902, die selbstständige Betriebsführung vorbehalten, um diesen Betrieb unter Verwertung ihrer Erfahrungen in richtiger Weise ausgestalten zu können. Sie gewährleistet für dieses erste Betriebsjahr der Gesellschaft für elektrische Hoch- und Untergrundbahnen in Berlin eine Mindest-Rente von 4 % des in der eigentlichen Bahnanlage angelegten Kapitals – einschl. 4 Mill. $\mathcal{M}$ Grunderwerb. Vom etwaigen Betriebsüberschuss erhält die Siemens & Halske 25 %. Die Betriebskosten waren bei dem ursprünglich geplanten Ausbau auf rd. 0,88 Mill. $\mathcal{M}$ für das Jahr veranschlagt.

Für die Benutzung der städtischen öffentlichen und nichtöffentlichen Grundflächen hat die Unternehmung nach den in der Einleitung erwähnten Verträgen die folgenden Abgaben zu zahlen:

An die Stadt Berlin bei einer jährlichen Brutto-Einnahme auf der Strecke innerhalb des städtischen Weichbildes bis zur Höhe von 6 Mill. $\mathcal{M}$ 2 %, darüber für je 1 Mill. $\mathcal{M}$ Mehreinnahme noch 0,25 % Abgaben mehr, mindestens aber jährlich 20 000 $\mathcal{M}$; an die Stadt Schöneberg eine Abgabe, die sich nach Maßgabe des Vertrages mit der Stadt Berlin im Verhältnis der Bahnlängen regelt; an die Stadt Charlottenburg unter Einschluss der Verbindungslinie von der Brutto-Einnahme auf der gesamten Linie bis 7 Mill. $\mathcal{M}$ 0,83 % und für jede Million Mehreinnahme 0,03 % mehr, mindestens aber 7500 $\mathcal{M}$ nach Ablauf des 4. Jahres seit Erteilung der staatlichen Genehmigung für die Gesamtstrecke.

Diese Abgaben an die drei Stadtgemeinden sind spätestens vom 15. Mai des Jahres an zu entrichten, das auf das Geschäftsjahr folgt, in welchem der Betrieb eröffnet wurde.

Alle drei Gemeinden haben sich im Sinne des § 6 des Kleinbahngesetzes vom 28. Juli 1892 den Erwerb der Bahn mit allem beweglichen und unbeweglichen Zubehör vorbehalten, jedoch ist dieser Fall bis zum Ablauf des 30. Jahres nach der ersten staatlichen Genehmigung (15. März 1896) ausgeschlossen und es kann das Recht nur alle 10 Jahre ausgeübt werden. Die weiteren Einzelheiten dieses Abkommens, sowie diejenigen Bestimmungen, welche Platz greifen nach Ablauf der Konzession, sind ohne größeres allgemeines Interesse. Verfehlt würde es auch sein, jetzt, wo die Eröffnung der Bahn bevorsteht und man demnächst mit Tatsachen wird rechnen können, noch in Spekulationen über die voraussichtlichen wirtschaftlichen Erfolge des Unternehmens einzutreten, um so mehr, als gerade derartige Unternehmungen, wie die alte Stadtbahn zeigt, oft eine Entwicklung nehmen, die von niemand vorausgesehen werden kann.

Zum Schluss ist noch derjenigen Männer zu gedenken, welche sich um die Durchführung des Unternehmens verdient gemacht haben; mit Rücksicht auf die große Anzahl tüchtiger Techniker, die an einem so bedeutenden Werke mitzuwirken berufen waren, müssen wir uns jedoch auf einige wenige Namen der führenden Persönlichkeiten beschränken. An erster Stelle ist da Werner von Siemens selbst zu nennen, der mit der Übertragung der elektrischen Kraft auf den Straßenbahn-Betrieb seiner Zeit den Anstoß zu einer Umwälzung des Verkehrswesens gegeben hat, die aller Voraussicht nach erst abgeschlossen sein wird mit der völligen Umwandlung auch der Vollbahnen in solche mit elektrischem Betrieb; seiner Energie, seinem zähen Festhalten an der einmal als richtig erkannten Idee ist es wohl auch in erster Linie zu verdanken, dass der Plan der elektrischen Hochbahn, der ersten auf dem europäischen Festland, in Berlin schließlich zur Durchführung gekommen ist. Neben ihm ist Direktor Schwieger zu nennen, der Vorsteher der Abteilung für elektr. Bahnen der Firma Siemens & Halske, der den allgemeinen Entwurf der elektrischen Stadtbahn aufgestellt und auch die Oberleitung bei den Verhandlungen und der weite-

ren Durchführung behalten hat. Zur Ausarbeitung der besonderen Pläne und zur Leitung der Bauausführung wurde dann ein Eisenbahnfachmann, Reg.- und Brth. Gier, berufen, den schwere Erkrankung aber leider zwang, vorzeitig aus seinem Amt auszuscheiden. An seine Stelle trat Ober-Ingenieur Ekert, unter dessen Leitung alsdann der größte Teil der Bahn gebaut und vollendet wurde. Die Bearbeitung der Pläne für die Untergrundbahn, auch der weiteren von Siemens & Halske geplanten Linien, wurde als selbstständige Arbeit an Reg.-Bmstr. Lerche übertragen, dessen Erfahrungen über Untergrundbahnen, insbesondere diejenigen vom Bau der von Siemens & Halske ausgeführten Untergrundbahn in Budapest, so dem Unternehmen zugutekamen. Unter den zahlreichen Regierungs-Baumeistern, Regierungs-Bauführern und Ingenieuren, die bei Aufstellung der Einzelpläne mitgearbeitet und bei der Bauleitung tätig waren, nennen wir nur Reg.-Bmstr. Bousset, den verdienstvollen Vorsteher des technischen Büros der Hochbahn, aus welchem die zahllosen Pläne und Berechnungen der zum Teil recht schwierigen Konstruktionen hervorgegangen sind. Die elektrische Ausrüstung der Bahn und der Betriebsmittel unterstand Ob.-Ing. Reichel, während die Einrichtung des Kraftwerkes Ob.-Ing. Raschig oblag.

Direktor der Gesellschaft für elektrische Hoch- und Untergrundbahnen in Berlin ist Reg.-Bmstr. a. D. Wittig, der neben seiner ihm aus dieser Stellung erwachsenden Tätigkeit den Grunderwerb durchführte und der Bahn den Weg durch die Häuserviertel freilegte. Als Architekt lag ihm ferner die Wiederverwertung und die Neubebauung der an der Bahn verbliebenen Grundstücke ob, sowie die Mitwirkung bei der architektonischen Ausgestaltung der Hoch- und Untergrundbahn nebst ihren Nebenanlagen durch eigene Entwürfe und durch Übernahme der Verhandlungen mit den mit solchen beauftragten Privat-Architekten. Als Sachverständiger der Gesellschaft in Fragen des Verkehrs und des Bahnwesens war Reg.-Rth. a. D. Kemmann von Beginn der Bauausführung an tätig.

Aus dem Zusammenwirken dieser Kräfte, auch derjenigen, die wir nicht alle einzeln aufführen konnten, ist in mehrjähriger angestrengter Arbeit das nunmehr vollendete Unternehmen hervorgegangen, das vom technischen Standpunkte höchste Beachtung verdient und dem der erwartete wirtschaftliche Erfolg sowohl nach Seiten der Unternehmung, wie für die beteiligten Stadtgemeinden nicht ausbleiben möge.

Zum Schluss kann sich der Verfasser nicht versagen, der Firma Siemens & Halske, sowie allen Herren von der Bauleitung der Hoch- und Untergrundbahn, die ihm in der bereitwilligsten und umfassendsten Weise das Material zu der vorstehenden Darstellung zur Verfügung gestellt und ihn nach jeder Richtung hin unterstützt haben, seinen besonderen Dank auszusprechen. ❐

VII.

Die künstlerische Ausbildung

In einer Veröffentlichung, welche zur Betriebseröffnung der elektrischen Hoch- und Untergrundbahn in Berlin erschienen ist[1], finden sich in dem Abschnitt, welcher die architektonische Durchbildung der Hochbahn behandelt, die folgenden Sätze: *»Glücklicherweise hat die heutige Architektenwelt vielmehr die Rechnung den Gesetzen der Ästhetik in sehr vielen Fällen unterzuordnen hat.«*

Diese Sätze, so zutreffend sie sind, haben doch, im Jahre 1902 geschrieben, etwas von der Bedeutung eines Anachronismus angenommen. Weder hat sich erst die *»heutige Architektenwelt*

Abb. 56. Geländer in der Bülowstraße über der Steinmetzstraße. Architekt: Bruno Möhring.

sich allmählich mehr und mehr mit dem Gedanken befreundet, dass auch die Formen des Eisens ihre Daseinsberechtigung haben und dass die großen Werke des Eisenbaues ein sehr dankbares Gebiet für die künstlerische Betätigung bieten. Der Ingenieur hat andererseits sich überzeugen können, dass die mathematischen Gesetze häufig eine schlechte Lehrmeisterin sind, wo es sich um die Geschmacksfrage handelt, dass sich

allmählich mehr und mehr mit dem Gedanken befreundet«, dass auch die Formen des Eisens ihre Daseinsberechtigung haben und ein dankbares Gebiet für eine künstlerische Betätigung bilden, noch ist dem Ingenieur so spät erst die Überzeugung gekommen, dass die Mathematik eine schlechte künstlerische Lehrmeisterin ist.

Als um die Wende der 1880er Jahre, also vor mehr als zwanzig Jahren, der damals schon viel erörterte Plan einer Wiener Stadtbahn als Hochbahn bei

1) G. Kemman: Zur Eröffnung der elektrischen Hoch- und Untergrundbahn in Berlin.

zahlreichen Beurteilern arge ästhetische Beklemmungen verursachte, da suchte man nach wirkungsvollen Waffen zur Bekämpfung des Plans und man wandte sich an die zwei bedeutendsten Architekten des damaligen Wien, an Heinrich von Ferstel und an Theophil von Hansen, um eine Äußerung. Man tat es gewiss nicht von ungefähr, und weil es zufällig die berühmtesten Architekten der schönen Kaiserstadt waren, sondern man suchte die beiden Fürsten der Baukunst sicherlich auch deshalb auf, weil man bei ihrer streng histori-

Abb. 57. Stütze am Kottbusser Tor.
Architekt: Prof. A. Grenander.

Abb. 58. Eingang zum Bahnhof Wittenbergplatz.
Architekt: Prof. A. Grenander.

schen Kunstweise eine bestimmte Äußerung gegen die beabsichtigten Pläne,
die vielfach selbst von sonst einsichts-
vollen Beurteilern hart geschmäht wurden, erwartete.

Und was antworteten die beiden
Künstler?

Ferstel schrieb in einem die Ange-
legenheit betreffenden Berichte vom
Jahre 1881: »*Ich möchte den Satz aufstellen, dass da, wo irgendein Bedürfnis wirklich besteht, und wo es klar und
bestimmt in seinen Forderungen herantritt, die Kunst uns auch die Mittel an*

Abb. 59. Stütze und Geländer am Bahnhof Bülowstraße.
Architekt: Bruno Möhring.

Abb. 60. Stütze am Kottbusser Tor.
Architekt: Prof. A. Grenander.

die Hand geben wird zu einer entsprechenden Lösung«.

Und als Hansen gefragt wurde, ob die Ausführung einer Hochbahn wirklich so hässlich sei, wie allgemein behauptet werde, erwiderte er: »*Ach, lieber Freund, lass sie reden, sie wissen nicht, was sie sagen. In Athen versteht man auch etwas von Ästhetik und Schönheit. In Athen gibt es große freie Plätze, deren Überschreiten nicht nur unangenehm, sondern im Sommer sogar gefährlich ist, denn die Hitze ist dort so groß, dass man sich leicht einen Sonnenstich holen kann. Was haben nun die Athener dagegen getan? Sie haben Pflöcke eingeschlagen, haben über dieselben Längsgebälke und Quergebälke gelegt und haben daran überall Schlingpflanzen angelegt, so dass aus diesem Gebälk die griechischen Laubengänge entstanden sind. Kein Mensch hat aber gesagt, dass dies unschön ist. Sage Du den Engländern – die damals die Wiener Stadtbahn bauen wollten –, sie sollen an jeder solchen Säule des beabsichtigten Eisenbahn-Viaduktes Schlingpflanzen anlegen, dann hat man in ganz Wien einen Laubengang, und das kann doch nicht so hässlich sein!*«

Wenn Hansen hätte die heutige Bülow-Promenade in Berlin erleben können! Freilich, hier ist es nicht allein das vegetabilische Element, welches in der Erscheinung mitwirkt, sondern in wesentlichem Maß auch das künstlerische. So weit wären die Engländer und Amerikaner nie gegangen, denn ihnen sind die städtischen Hochbahn-Anlagen reine Nützlichkeitsbauten, bei denen, wie Kemmann treffend sagt, »auch im Äußeren der Bauwerke der materielle Zweck des Unternehmens ausgeprägt ist«, wie die Hochbahnen in Liverpool, New York und Chicago beweisen.

Obwohl die Ingenieur-Wissenschaft in dem heute betriebenen rein mathematischen Sinne erst seit 100 Jahren etwa ein Glied der modernen Kultur ist, beansprucht der Engländer für sie doch die Herrschaft selbst für den hier in Betracht kommenden Teil der künstlerischen Kultur.

Zu Beginn der 1890er Jahre wurde von dem neu gewählten Präsidenten der Londoner Institution of Civil Engineers, Sir Benjamin Baker, eine bemerkenswerte Rede über die Ästhetik in der Technik gehalten. Es ist freilich der Erbauer der Forth-Brücke bei Edinburgh, der hier sprach, einer Brücke, deren Formgebung einen so lebhaften Meinungsaustausch über die ästhetische Wirkung solcher Bauten hervorrief. Man wird die Äußerung daher als eine solche des äußersten Gegenflügels aufzufassen haben. Er klagte über die Vorwürfe, die den Ingenieur häufig träfen, dass er das Leben weniger erfreulich mache durch das, was die ›uneingeweihte‹ Kritik die Hässlichkeit von Fabriken und anderen Anlagen nenne, die allmählich die Landschaften bedecken.

Einen großen Teil der Schmähungen, die der Kunstkritiker früher gern auf Ingenieurbauten häufte, könne man seiner völligen Unbekanntschaft mit den Zwecken und der Bestimmung der Bauten, seiner Unfähigkeit bei völligem Mangel an Erfahrung zuschreiben, zu empfinden, wie geeignet die Formen für ihren jeweiligen Zweck seien und wie klar sie ihn zum Ausdruck brächten. Gelegentlich sei der Techniker nachgiebig genug, eine Versöhnung mit solchen Kritikern zu versuchen, anstatt sie allmählich zu erziehen, indem er seine Konstruktionen so forme, wie sie wissenschaftlich und wirtschaftlich am besten ihrem Zwecke entsprechen. Wenn der Ingeni-

Abb. 61. Eingang zum Bahnhof Wittenbergplatz. Architekt: Prof. A. Grenander.

eur nur ehrlich dabei bleibe, einfach und wissenschaftlich richtig zu entwerfen, so müssten die Ästhetiker schrittweise den erforderlichen Beurteilungsmaß-stab gewinnen, um die Schönheit und Zweckmäßigkeit in solchen Konstruktionen zu entdecken.

Baker kennt, im Gegensatz zu seinem rein mathematischen und ausschließlichen Nützlichkeitsstandpunkt, welcher auch der der genannten Stadtbahnen ist, allerdings nur die an älteren Gitterbrücken angeklebten oder aufgesetzten Ornamente in Form von Rosetten, Cartouchen, Fialen, ältere Schiffsmaschinen mit gotisch stilisierten Rahmen, schwere Pumpwerke und Betriebsmaschinen mit Säulen von einem griechischen Tempel oder einem ägyptischen Königsgrab; den Messingadler auf dem Dampfdom einer alten Lokomotive, »förmlich schreiend vor Schmerz, dass er an eine heiße Stelle gebannt

ist«. Diese Art Kunst ist keine Kunst, so weit ist der ›Fortschritt der Dinge‹ bereits gediehen; sie ablehnen ist aber noch keineswegs gleichbedeutend mit der unbedingten Vertretung des reinen Nützlichkeitsstandpunktes.

Schon 1866 hat es ein hervorragender deutscher Ingenieur, R. Baumeister in Karlsruhe, in seiner *Architektonischen Formenlehre für Ingenieure*, ein Buch mit goldenen Lehren für den Ingenieur, ausgesprochen, zur vollkommenen Schönheit eines Ingenieurwerkes gehöre notwendig ein gewisser ästhetischer Überfluss. Ein gewisser Reichtum an den von der Gesamtheit benutzten Werken sei nicht bloß künstlerisch, sondern auch nationalökonomisch gerechtfertigt. *»Es ist roher Materialismus, wenn man die Blüte der Völker ausschließlich nach ihrem Vermögen und ihrem Produktionsquantum misst, wenn man glaubt, durch bloße Steigerung des ma-*

teriellen Wohlbefindens der Nation die-
selbe nach außen mächtig, nach innen
kraftvoll und gesund zu machen. Auch
die Schätzung der geistigen Potenzen ge-
hört dazu, und unter ihnen ist die Kunst
keineswegs eine Luxuspflanze, von deren
Gedeihen nichts abhängt.«

An einer anderen Stelle führt Baumeister aus, für die Ansicht der Utili-
tarier lasse sich leicht anführen, dass
allerdings vom Standpunkte des ge-
meinen Nutzens aus alles als unnütze
Verschwendung erscheinen müsse, was
über den nächstliegenden Zweck hin-

Abb. 62. Pfeiler am Nollendorfplatz.
Architekt: Cremer & Wolffenstein.

Abb. 63. Pfeiler an der Potsdamer Straße.
Architekt: Bruno Möhring.

ausgehe. Das sei der Standpunkt, welchen auch das Tier einnehme, nur nicht so vollkommen entwickelt. »*Gibt man aber zu, dass der Mensch höhere Bedürfnisse als materielle hat, so folgt, dass das scheinbar Überflüssige das wahrhaft menschlich Notwendige ist.*«

Es ist viel Missbrauch getrieben worden mit dem schlichten Worte: »*Zweckmäßig ist schön*«. Es spielt heute noch in manchen ästhetischen Ausführungen eine Rolle und man weist mit Behagen auf die Natur hin, welche in allen Dingen die höchste Zweckmäßigkeit und

Abb. 64. Pfeiler an der Steinmetzstraße.
Architekt: Bruno Möhring.

Abb. 65. Pfeiler an der Blumenthalstraße.
Architekt: Bruno Möhring.

deshalb die größte Schönheit entfalte. Und doch ist gerade sie es, welche in dem Reichtum der Formen so oft über die einfache Notwendigkeit hinausgeht. Nicht allein Baumeister, auch andere Kreise haben sich in ausgesprochenen Gegensatz zu dem nackten Utilitarismus der englischen Ingenieure gestellt.

Der holländische Ingenieur de Koning von der polytechnischen Schule in Delft warf einmal die besorgte Frage auf, ob die Ingenieure wirklich die Pioniere der Bildung seien, als die man sie bezeichnet habe. »Ist es nicht vielmehr eine niedere, denn eine höhere Bildung, der wir als Pioniere dienen? Vernachlässigen wir nicht oft die höhere ethische Seite unseres Faches zugunsten der materiellen? Und ist nicht die Materie, zu der wir nach der Schrift und nach aller menschlichen Erfahrung wieder zurückkehren, dasjenige, was uns mehr beschäftigt, als der ›Geist‹? Was hat die Kunst, was hat das Schöne uns zu danken?«

Diese Worte sind 1893 gesprochen; fünfzehn Jahre vorher noch konnten französische Architektenkreise mit Besorgnis darüber klagen, dass seit dem Auftreten der neuen Materialien Stahl und Eisen Architekten und Ingenieure tagtäglich in zwangvollen Beziehungen zueinander, ja in einem unaufhörlichen Kampfzustande lebten. »Der natürliche Verlauf der Dinge«, schrieb Davioud, »der stets den ›Eindringling‹ begünstigt, hat die berechtigte Furcht entstehen lassen, dass eine vollständige Verschiebung der Rollen sich vollziehe, dass der Architekt in die Abhängigkeit des Ingenieurs geraten werde.«

Diese Befürchtung hat sich bewahrheitet und auch nicht, je nachdem man in der heute unzweifelhaft vollzogenen weitgehenden Annäherung der beiden Fächer einen Gewinn sehen will oder nicht.

Für alle Einsichtigen aber, die nicht auf der äußersten Utilitaritätsseite wie Baker, oder auf der äußersten entgegengesetzten Seite stehen, wie Davioud, hat sich aus der vollzogenen Annäherung ein großer Gewinn für beide Teile ergeben. Es war, wie Kemmann sagt, der »feinsinnig veranlagte Deutsche«, welcher die Annäherung herbeiführte. Der deutsche Ingenieur war ideal genug, dem deutschen Architekten ein gewisses Maß »ästhetischen Überflusses« zuzugestehen, und der deutsche Architekt war unbefangen genug, aus den Einflüssen der Ingenieurkunst eine ungeahnte Bereicherung seiner Formenwelt als Gewinn aufzunehmen. Eines der hervorragendsten Ergebnisse dieser gegenseitigen Annäherung, ein Werk, welches die Bedeutung eines Wendepunktes beanspruchen darf, ist die künstlerische Ausgestaltung der Berliner elektrischen Hoch- und Untergrundbahn. Freilich, so leicht ist das Werk nicht zustande gekommen. Der sogenannte ästhetische Überfluss kostet allemal Geld, mitunter sogar sehr viel Geld, ein Umstand, der bei einer Erwerbsgesellschaft doppelt ins Gewicht fällt.

Die eigene Neigung, über das Notwendige hinauszugehen, scheint daher erst gereift zu sein, nachdem die Einwohnerschaft durch Presse und Vereine, nachdem die Stadtverwaltungen und die Staatsbehörden unzweideutige Wünsche in dieser Beziehung zum Ausdruck gebracht hatten. Als aber einmal der Entschluss gefasst war, mehr als das Notwendige zu geben, da wurde dieses Mehr – das muss unter allen Umständen besonders anerkannt werden – reichlich und mit vollen Händen gegeben. Und wir glauben nicht falsch unterrichtet zu sein, wenn wir dem beratenden Architekten, Direktor

Reg.-Bmstr. Paul Wittig, hierbei eine erfolgreiche Mitwirkung zuschreiben.

Mit zwei verschiedenen Momenten ist bei der künstlerischen Ausbildung der elektrischen Hoch- und Untergrundbahn zu rechnen: einmal mit dem künstlerischen Einfluss des Architekten auf die formale Ausbildung der reinen Konstruktion und zum anderen mit dem durch den Architektengegebenen schmückenden Beiwerk der Viaduktstrecken wie der Bahnhöfe. Welchen Einfluss beide Momente auf die Erscheinung des Bauwerkes ausüben, zeigt deutlich ein Vergleich der östlichen mit der westlichen Strecke.

Die formale Ausbildung der ersteren Strecke lässt erkennen, dass sie in der Hauptsache unter dem Einfluss des rechnerischen Material-Minimums entstanden ist und dass erst, als diese Strecke sich in der Erscheinung etwas zu sehr den englischen und amerikanischen Hochbahnen näherte, der Architekt zur künstlerischen Mitarbeit angerufen wurde. Herrschte bis dahin in der östlichen Strecke das starre Konstruktionsprinzip, welches Konstruktionsungetüme wie z. B. die beiden Viaduktportale am Sedanufer und anderes hervorgebracht hat, was sich auf der westlichen Strecke mit Ausnahme einiger Bildungen am Bahnhof NOLLEN-DORFPLATZ nicht mehr oder doch nur da wiederholt, wo die Eigenschaften der Örtlichkeit keine besondere Rücksichtnahme auf die Formgebung verlangten, so wurde auf dieser Strecke der Ingenieur, wie es einer der hervorragenden Mitarbeiter des großen Werkes, Reg-Bmstr. Bousset ausdrückt, *»Wo er zu grausam vorging, vom Architekten zu sanfteren Umgangsformen gezwungen«.* Andererseits ist festzustellen, *»dass die Architekten mit bewusster Absicht den Konstruktions-Ideen der Ingenieure folgten und diese Ideen eher noch schärfer zu betonen suchten, als sie zu verdecken. Und zuweilen standen die Architekten im ersten Augenblick ablehnend vor ungewöhnlichen Ingenieurformen, mit denen sie sich später gern abfanden«.*

Aus dieser interessanten Darstellung des gegenseitigen Arbeits- und Einflussverhältnisses der beiden in ihren Grundprinzipien verwandten, im Laufe der Zeit aber mehr als erwünscht auseinander gekommenen Gebieten lassen sich leicht die Gründe Tür die frische und neue Erscheinung der Bauten der Hochbahn erkennen. Mustergütig ist die elegante Erscheinung der Hochbahn-Viaduktstrecke zwischen Potsdamerstraße und Nollendorfplatz. Sowohl die konstruktiven Anordnungen wie der künstlerische Schmuck zeigen eine so neue und eigenartige Schönheit, dass dieser Teil des Werkes eine dauernde Bereicherung des Formenschatzes unserer Nützlichkeitsbauten bildet. Die örtlichen Verhältnisse der breiten Mittelpromenade erlaubten es, die Fußpunkte der Stützen hinauszurücken und die Stützen schräg zu stellen. Dadurch wurde der Eindruck der Standsicherheit verstärkt und zugleich der Konstruktion die Starrheit der rechtwinkligen Bildungen genommen. In der Längsrichtung führt eine schön geschwungene Bogenlinie den Horizontalträger in die Stütze über; Bogenlinien von schönem Schwung sind auch an den übrigen Teilen der Konstruktion die vermittelnden Elemente. Durch die Anwendung der geschwungenen Linie erhält die Konstruktion eine so neue und überzeugende Schönheit, dass sie ohne Zweifel zum Vorbild für spätere Bauwerke werden dürfte. Und wenn es gelingt auch die, die Konstruktion herstellenden Werke dazu zu bringen, auf die kleinen Einzelheiten zu achten, so dass nicht ein Querflansch da, wo er rechnerisch nicht mehr nötig ist, plötzlich und unvermittelt aufhört, sondern als begleitende Linie bis zu einem natürlichen Endigungspunkt weiter geführt wird, dann dürfte eine Vollkommenheit der Erscheinung erreicht werden können, welche nicht nur weitgehende künstlerische Wünsche zum Schweigen bringt, sondern welche auch zu der Anerkennung zwingt, dass das Hochbauwesen durch die Ingenieure

Abb. 66. Pfeiler an der
Frobenstraße.
Arch.: Prof. A. Grenander.

Abb. 67. Mittelstütze im Unter-
grundbahnhof Wittenbergplatz.
Architekt: Paul Wittig..

Abb. 68. Stütze am
Halleschen Tor.
Architekt: Solf & Wichards.

eine wertvolle Bereicherung seiner Erscheinungsformen erfahren hat.

Zu diesen in der reinen Konstruktion liegenden künstlerischen Momenten treten nun noch die rein schmückenden Zutaten, deren Bestimmung es ist, Härten zu verdecken, Übergänge geschmei-diger zu machen, und es ist erstaunlich, wahrzunehmen, mit wie wenigen und einfachen Mitteln es möglich ist, harten Bildungen ein völlig verändertes Aussehen zu verleihen. Was Alfred Grenander, Bruno Möhring und Paul Wittig in der Ersinnung charakteristischer und an-

Abb. 69. Stütze an der
Lutherkirche.
Arch.: Bruno Möhring.

Abb. 70.
Stütze in der Skalitzer Straße.
Architekt: Prof. A. Grenander.

Abb. 71. Mittelstütze im
Untergr.-Bhf. Zoolog. Garten.
Architekt: Paul Wittig.

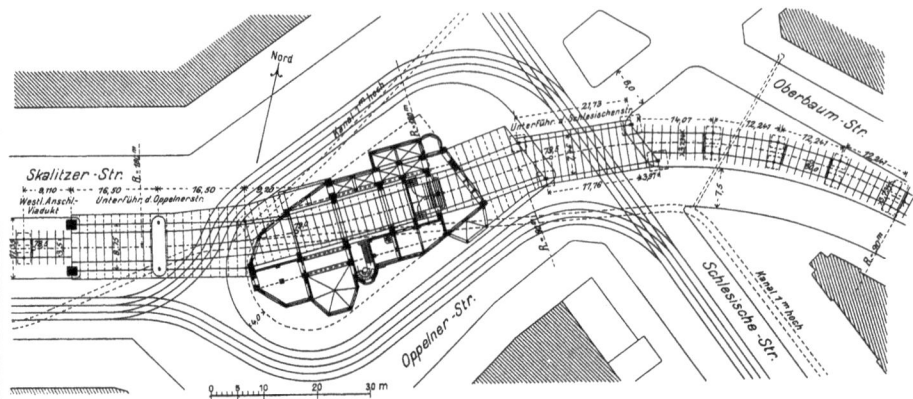

spruchsloser Zutaten geleistet haben, ist aus unseren Abbildungen zu erkennen und über alles Lob erhaben. Eine runde oder eckige Volute, eine geschwungene Verzierung, ein Band, ein an den Ecken charakteristisch aufgebogener Eisenstab, das sind die einfachen Schmuckmittel, die mit größter künstlerischer Sicherheit zur Verwendung gelangten.

In diesen bescheideneren Arbeiten scheint uns das Hauptverdienst der ar-

Abb. 72. Bahnhof Schlesisches Tor.

chitektonischen Ausschmückung der Hochbahn zu liegen, denn sie nur machen es unter der notwendigen Berücksichtigung der wirtschaftlichen Lage möglich, ein Ingenieurwerk von großer Ausdehnung aus dem Charakter des reinen Nutzbaues überzuleiten in den mit idealen Forderungen ausgestatteten Charakter des Kunstbaues.

Abb. 73. Bahnhof Schlesisches Tor. Architekt: Grisebach & Dinklake.

Größere Aufwendungen wurden auf der westlichen und auf einem Teile der östlichen Strecke an den Stellen gemacht, an welchen Straßenzüge den Zug der Hochbahn kreuzen. Hier schließt nicht nur ein reicheres Gitterwerk die seitlichen Gehwege des Bahnkörpers ab und verdeckt die hier nicht zu umgehenden, nicht eben schönen konstruktiven Bildungen der größeren Spannweiten, sondern es treten zu dem Eisenwerk als markante Begrenzungspunkte der Zwischen-Viaduktstrecken schwere Steinpfeiler mit obeliskenartigen Endigungen von frischer und neuer Erfindung. Wir geben in unseren Abbildungen einige dieser höchst anziehenden Bildungen nach Entwürfen von Bruno Möhring, Alfred Grenander und Cremer & Wolffenstein wieder. In diesen interessanten Werken feiert der ›ästhetische Überfluss‹ einen völligen Sieg über den rein wirtschaftlichen Standpunkt.

In gleichem Maße ist das der Fall bei einzelnen Bahnhöfen oder Haltestellen, wie sie von der Verwaltung genannt werden. Die Hoch- und Untergrundbahn hat zehn Zwischenstationen, von welchen die Haltestellen Kottbusser Tor, Oranienstrasse, Prinzenstrasse, Möckernbrücke und Hallesches Tor nach einer Normalie ausgeführt sind. Von ihnen allerdings wurde mit Ausnahme der Haltestelle Hallesches Tor der veredelnde Einfluss der Kunst ferngehalten. Sie sind schlauchartige Bildungen mit senkrechten Glaswänden und gewölbtem Wellblechdach, ohne allen Anspruch, sich der architektonischen Umgebung anzupassen, ein Umstand, der besonders bei der Haltestelle Möckernbrücke (Abb. 45) empfunden wird und den Wunsch auslöst, es hätten die künstlerischen Mittel, die zum Schmuck der benachbarten Hochbahn-brücke über den Landwehrkanal verwendet wurden und die, fortdauernd dem Rauch der Lokomotiven der Anhalter Bahn ausgesetzt, bald ihre Wirkung versagen dürften, zur Ausschmückung dieses Bahnhofes verwendet werden sollen. Indessen ist hier die Verwaltung nicht ganz unabhängig gewesen.

Eine infolge der geringen Mittel nur bescheidene architektonische Ausbildung ist durch Reg.-Bmstr. Necker für den Bahnhof Stralauer Tor versucht (Abb. 46). Da indessen der Bahnhof eine unmittelbare Fortsetzung der in reichem märkisch-gotischem Backsteinstil gehaltenen Oberbaumbrücke ist, so ist, namentlich auch im Hinblick auf die baldige Fortsetzung der Bahn über diesen vorläufigen Endpunkt hinaus anzunehmen, dass der hier errichtete Bahnhof nicht das letzte Wort der Verwaltung ist.

Mit erheblichem Aufwand hat der Bahnhof Schlesisches Tor durch Grisebach & Dinklage eine ansprechende, durch die Eigenartigkeit der örtlichen Verhältnisse lebhaft gruppierte künstlerische Gestalt erhalten (Abb. 73). Die Bahn überschreitet unter spitzem Winkel einen langgestreckten Platz, dessen bescheidene Größenverhältnisse im Grundriss zu äußerster Ausnutzung der Fläche veranlassten und so die merkwürdigen Verschneidungen und Ausbauten hervorriefen. Der Bau ist ein Werksteinbau mit Backsteinfläche und ist in der gotisirenden Frührenaissance gehalten, welche den zahlreichen Bauten der Firma ihr charakteristisches Gepräge verleiht. So weit die Räume im Erdgeschoss nicht durch den Bahnbetrieb in Anspruch genommen werden, sind sie Läden und Restaurationslokale. Nur einzelne Teile der Anlage sind zur Gewinnung eines schönen malerischen Bildes über das Erdgeschoss hinausgeführt.

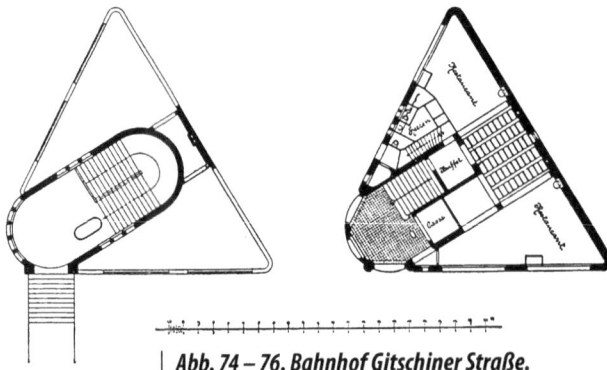

Abb. 74 – 76. Bahnhof Gitschiner Straße. Architekt: Paul Wittig.

Werden die Bauten des Bahnhofes SCHLESISCHES TOR wesentlich durch die Verschneidungen der Platzverhältnisse beeinflusst, so ist das in ähnlichem Maße der Fall bei dem Bahnhofe PRINZENSTRASSE. Dieser zerfällt in drei Teile: in die eigentliche Bahnhofshalle, die sich in nichts von der Normalie der kunstlosen Zwischenbahnhöfe unterscheidet, in das nördliche Zugangshaus mit Schalterhalle, welches als ein für diesen Zweck erworbenes Wohnhaus sich gleichfalls in nichts von den Wohnhausbauten der dortigen Gegend unterscheidet, und in das südliche Zugangshaus, welches auf einer dreieckigen Baustelle errichtet wurde, die sich aus dem Zusammentreffen der Gitschiner und der Prinzenstraße bildet und nach den Entwürfen von Paul Wittig eine höchst geschickte Grundriss-Ausnutzung bei ansprechender Gestaltung des Äußeren und des Inneren erfahren hat (Abb. 74 – 76)

Ein Bahnhof, dessen künstlerische Gestaltung besondere Schwierigkeiten bot, die durch die Architekten Solf & Wichards in glücklicherweise überwunden wurden, ist der auf der Scheide zwischen der Ost- und der Weststrecke stehende Bahnhof HALLESCHES TOR. Der monumentale bauliche Charakter der Örtlichkeit: die figurengeschmückte Kanalbrücke, die klassischen Torbauten und die Bedeutung des Belle-Alliance-Platz als ein Denkmalplatz forderten gebieterisch für diesen Bahnhof einen höheren architektonischen Aufwand, bei dessen Gestaltung es der reichen Erfindungsgabe der Architekten bedurfte, aus den schwierigen örtlichen Verhältnissen des Bahnhofs selbst etwas zu schaffen, was den inneren Zwiespalt des Werkes nicht allzu stark in die Erscheinung treten lässt. Der Bau ist trotz aller Kunst der Architekten ein Kompromissbau geblieben und konnte nichts anderes werden, denn es galt hier nicht sowohl, die Bahnhofshalle architektonisch auszubilden, als ihr eine Architekturgruppe vorzulagern, welche das reine Nützlichkeitsgepräge der Bahnhofshalle verdeckte. Der Bahnhof wurde nur dadurch möglich, dass der Stromfiskus und die Strompolizei gestatteten, bis nahe an die Flucht der Widerlager der Belle-Alliance-Brücke in den Landwehrkanal hineinzubauen. Infolge der mangelnden Bodenfläche war daher die Lösung des Treppenhauses, für welches Stützen nicht aufgestellt werden konnten, eine jener schwierigen Konstruktionsfragen, welche die Gestaltung des Bahnhofes wesentlich beeinflusst haben. Die von den Künstlern vorgeschlagene Lösung, das erste Treppenpodest erkerartig aus dem Sandsteinvorbau herauszukragen und die Treppenläufe von diesem Erker aus frei schwebend zu den Bahnsteigen zu führen, ist, freilich nicht ohne einige konstruktive Kunststücke, der Schwierigkeiten Herr geworden *(Abb. 77)*.

Die Bahn verlässt den Bahnhof HALLESCHES TOR, berührt den kunstlosen Bahnhof MÖCKERNBRÜCKE, und geht dann auf eigenes Gelände der Verwaltung über, welches u. a. den Zugang zum Gleisdreieck bildet. Der Ankauf dieses an der Trebbiner und der Luckenwalder Straße gelegenen Geländes ist nötig geworden zur Freilegung des Weges für die Bahn und zur Errichtung des Kraftwerks. Letzteres erhebt sich nach den *Abb. 78 u. 79* als eine nach den Entwürfen von Paul Wittig errichtete geschlossene Anlage von großem Zug in der Trebbiner Straße; es ist an dem Gebäude der erfolgreiche Versuch unternommen worden, einem reinen Nutzbau ein charakteristisches künstlerisches Gepräge zu verleihen, welches namentlich durch

Abb. 77. Bahnhof Hallesches Tor.
Architekt: Solf & Wichards.

die in der Fassade sich spiegelnde innere Gliederung des Hauses zum Ausdruck kommt. Das Material ist sparsamer Sandstein für die Architekturteile, rotes Ziegelmauerwerk für die Flächen. Aus dem gleichen Material, jedoch in reicheren Formen, ist das dem Kraftwerk

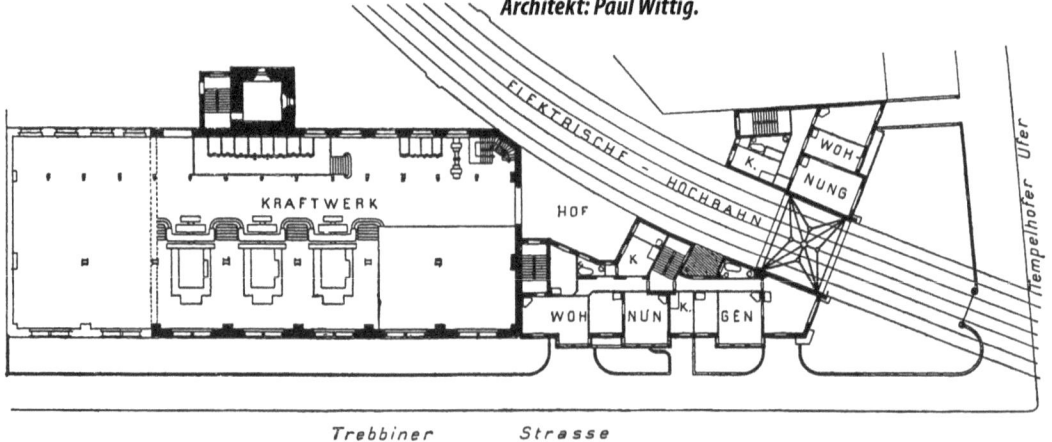

Abb. 78 u. 79. Das Kraftwerk nebst Wohn- und Verwaltungsgebäude am Tempelhofer Ufer.
Architekt: Paul Wittig.

vorgelagerte Wohn- und Verwaltungs-Gebäude errichtet, welches die Bahn im Kopf durchschneidet. Die räumlich beschränkten Verhältnisse der Baustelle waren die Veranlassung zu reichlicher Erkerbildung, durch welche auch dieses Gebäude ein eigenartiges Gepräge erhalten hat.

Einen besonderen Typus, von der knappen Normalie in vorteilhafter Weise abweichend, bilden die Bahnhöfe BÜLOWSTRASSE und NOLLENDORFPLATZ. Die stattliche Breite der Bülowpromenade erlaubte nicht nur, die Hauptträger der Bahn durch massive Steinpfeiler zu unterstützen, sondern es war auch möglich, statt der bei den anderen Bahnhöfen frei vorkragenden Bahnsteige besondere Bahnsteigträger von der Spannweite der Hauptträger anzuordnen und auch diese durch Steinpfeiler zu unterstützen. Durch diese konstruktiven Maßnahmen gewannen die beiden Bahnhöfe eine vollkommenere Gestalt und es war daher leichter, ihnen ein befriedigendes architektonisches Gepräge zu verleihen, als bei den anderen Bahnhöfen.

»Die massiven Unterbauten gaben dem Architekten die von ihm so sehr gewünschten Massen, welche beim Eisenbau zu vermissen ihm schwerfällt« (Bousset).

Für die Gestaltung des Bahnhofes BÜLOWSTRASSE wurde ein Wettbewerb ausgeschrieben, aus welchem Bruno Möhring in Berlin als Sieger hervorging. Was er dann aufgrund des Wettbewerbs-Entwurfes nach umfangreichen Vorstudien für die Ausführung geschaffen hat, ist in Entwurf und formaler Durchbildung so neu, so frisch, so kraftvoll und so schön, dass der Bahnhof BÜLOWSTRASSE vorbildliche Bedeutung für die Entwicklung der neueren Architektur in Berlin gewonnen hat.

Auf dem Wege des unmittelbaren Auftrages ist der stolze Aufbau des Bahnhofes NOLLENDORFPLATZ durch Cremer & Wolffenstein entstanden. Die Bedeutung dieses Bahnhofs als des westlichen Endpunktes der Hochbahn, hinter welchem diese auf der schiefen Ebene in die Unterpflasterbahn übergeht, ferner die hervorragende Lage des Bahnhofes auf einem großen Schmuckplatze sowie in der Achse bedeutender Straßenzüge haben die Künstler in glücklicher Weise veranlasst, den westlichen Endpunkt des Bauwerkes mit einer Walmkuppel mit Laterne zu krönen, die weithin nach allen Richtungen sichtbar ist. Die Kuppel besteht aus vier Stirnbindern und vier Gratbindern, welche in der Auflagehöhe der Bahnsteigträger von den Steinpfeilern aufgenommen werden. Diese massigen Sandsteinpfeiler endigen in hochragende Pylonen mit reichem bildnerischem Schmuck, welche die Kuppel an den Ecken wirkungsvoll bereichern. Eine eigenartige und neue Form hat die Laterne der Kuppel erhalten.

Hinter dem Bahnhof fällt die Hochbahn über die Schmuckanlage des Platzes hinweg zunächst auf eisernem Viadukt, dann auf steinerner Rampe zur Untergrundbahn. Die dem Platz zugekehrte Stirnseite der Rampe soll eine Brunnengruppe erhalten. Der Tunnel-Eingang sowie der bis zur Eisenacher Straße offene Einschnitt sind durch eine reiche und schöne Geländer-Entwicklung zwischen obeliskenartigen Sandsteinpfeilern, beides wieder nach dem Entwurf von Cremer & Wolffenstein, gegen die Fahrstraße abgeschlossen.

Über die architektonische Ausbildung der Untergrundbahn-Strecke ist nicht viel, aber um so Bemerkenswerteres zu berichten. Die unterirdischen Stationsräume von vorgeschriebenen

Abb. 80. Zugang zur ›Métropolitain‹ in Paris an der Avenue de la Grande Armée.

engen Abmessungen bieten der künstlerischen Tätigkeit nicht viel Spielraum. Gleichwohl hat man auch hier versucht, über das einfache Bedürfnis etwas hinauszugehen und einzelnen Stützen mit bescheidenen Mitteln eine interessante künstlerische Form zu geben. Die Versuche Wittigs in dieser Beziehung sind in den *Abb. 67 u. 71* dargestellt. Mehr Gelegenheit zu künstlerischer Tätig-

keit gaben die Treppenzugänge zu den Bahnhöfen. Während die Pariser ›Metropolitain‹ nach der *Abb. 80* die Zugänge z. T. überdeckte, sind sie in Berlin durchweg offengeblieben und die Stufen nach rückwärts geneigt, um durch Schlitze das Regenwasser abfließen zu lassen, eine Anordnung, gegen die unseres Wissens sich bisher technische Anstände nicht ergeben haben, die aber den Vorzug besitzt, die Übersichtlichkeit der Straße zu erhalten. Zwischen dem Zu- und dem Ausgang der Untergrundstationen liegt, leicht sichtbar, das Fahrkartenhäuschen. Die künstlerische Ausbildung dieser Häuschen und der Umfriedigung der Eingänge durch Eisengitter hat Prof. Alfred Grenander übernommen und, wie die *Abb. 58 u. 61* erkennen lassen, in einer ungemein reizvollen Weise gelöst. Was die Abbildung leider nicht erkennen lassen kann, das ist die interessante Farbgebung des mit dunkelblau-violetten Fliesen ausgelegten blauschwarzen Holzfachwerkes im Verein mit dem feinen Rot der Kupferdeckung.

Mit der Erwähnung dieses kleinen Gebäudes scheiden wir von der elektrischen Hoch- und Untergrundbahn. Wenn bei ihr nach dem Worte eines mehrfach erwähnten Mitarbeiters »einiges unbestritten geglückt, manches mindestens diskutabel und manches ein Versuch geblieben ist«, so ist das große Werk gerade in dieser merkwürdigen Stufenfolge der Ausbildung eines der anziehendsten Beispiele künstlerischer Zusammenarbeit zwischen Ingenieur und Architekt. Es mag sein, dass diese Zusammenarbeit zunächst mehr von der Not als aus eigenem Trieb veranlasst

**Abb. 81. Bahnhof Bülowstraße.
Architekt: Bruno Möhring.**

Abb. 82 u. 83. Bahnhof Nollendorfplatz. Architekt: Cremer & Wolffenstein.

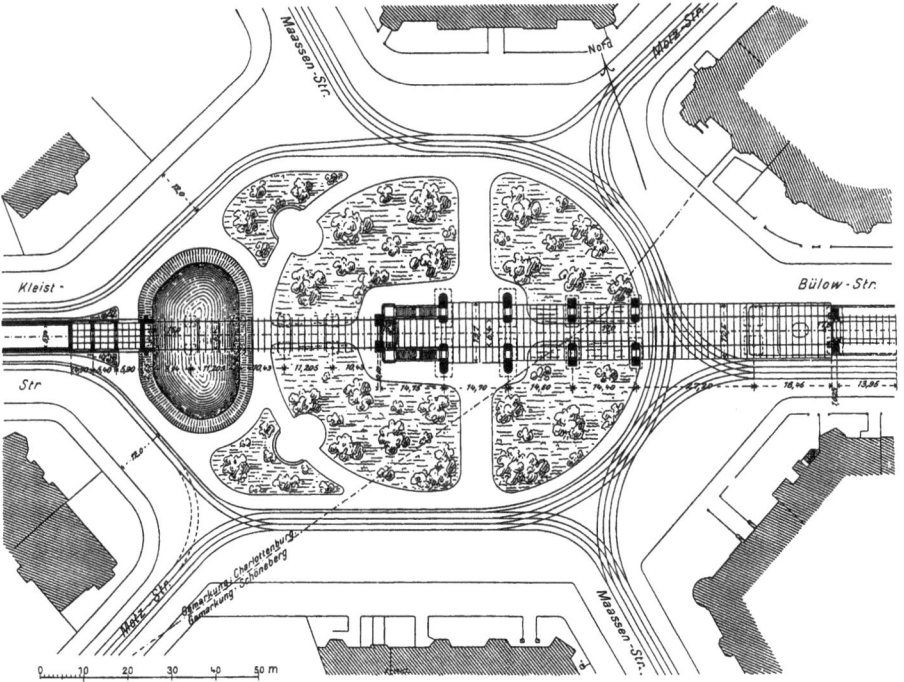

war, denn an zahlreichen Stellen ist der Kampfzustand zwischen Konstrukteur und Künstler noch zu erkennen. Jedenfalls aber hat die Zusammenarbeit, als deren geistiger Förderer Dir. H. Schwie- ger besonders genannt werden muss, in weitergehendem Maß als bei irgendeinem anderen großen Ingenieurwerke stattgefunden und deshalb kommt der Anlage eine epochale Bedeutung zu. ❒

Anhänge

Hochbahnhof Schlesisches Tor.

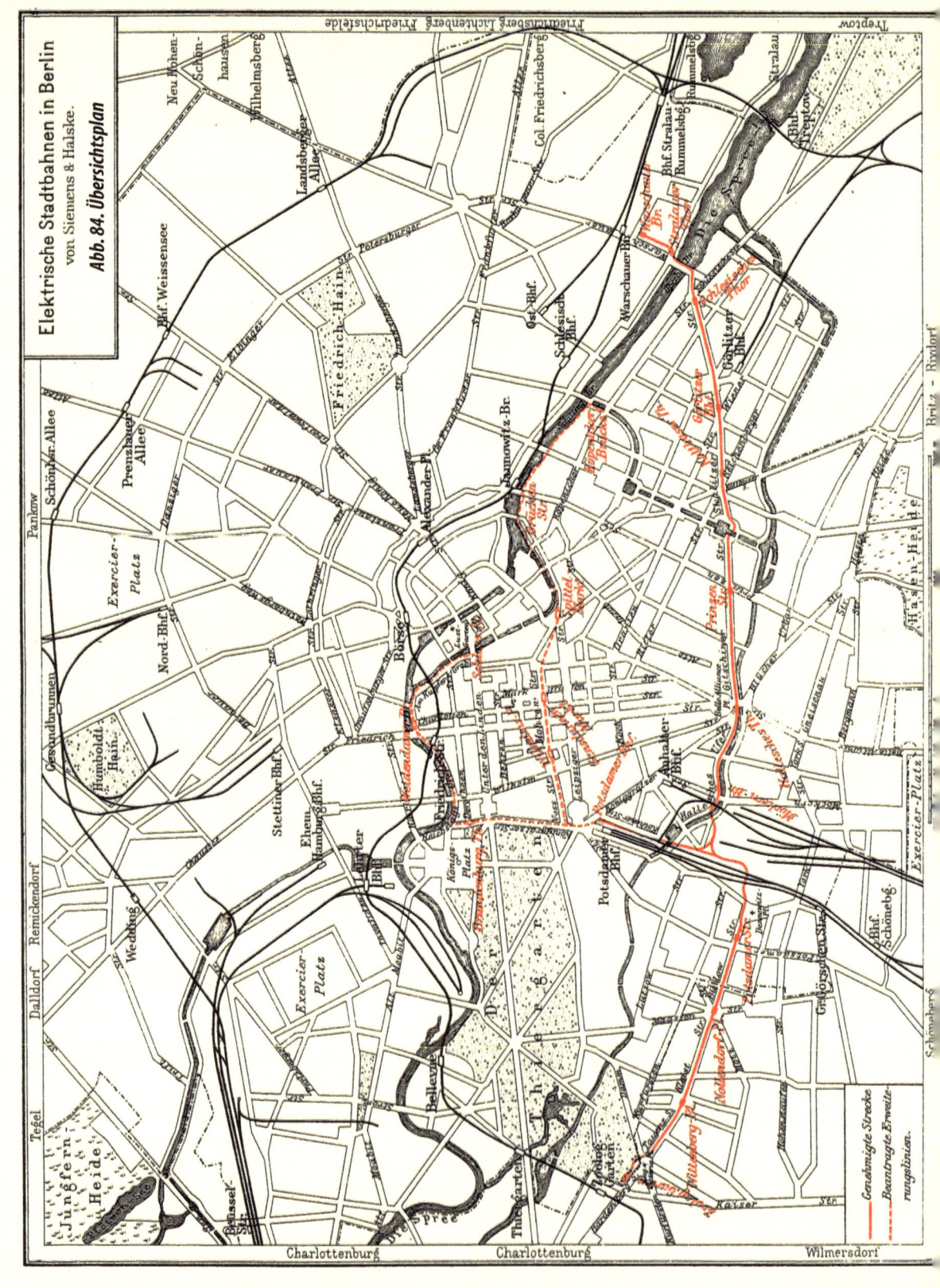

Elektrische Stadtbahnen in Berlin
von Siemens & Halske.
Abb. 84. Übersichtsplan

Genehmigte Strecke
Beantragte Erweiterungslinien

Elektrische Stadtbahnen in Berlin von Siemens & Halske

Deutsche Bauzeitung • Dezember 1897

Der von Siemens & Halske Anfangs 1891 an die Öffentlichkeit gebrachte Plan zur Anlage vollspuriger, elektrisch betriebener, dem Personenverkehr dienender Stadtbahnen, die je nach den örtlichen Verhältnissen als Hochbahnen oder Unterpflasterbahnen gedacht waren, ist in einem wichtigen Teil bereits in Ausführung begriffen, in anderen der Verwirklichung ein gutes Stück näher gebracht. Der Entwurf zu einer Hochbahn, welche die Stadt in westöstlicher Richtung durchschneidend, die beiden etwa an der Weichbildgrenze gelegenen Stationen ZOOLOGISCHER GARTEN und WARSCHAUER STRASSE der alten Stadtbahn miteinander verbinden soll, ist bekanntlich im Vorjahre für die ganze Strecke nach langen Verhandlungen, allerdings mit einer nicht unwesentlichen Abänderung der ursprünglichen Trasse in seinen Grundzügen endgültig festgelegt worden. Auf der in Linienführung und Einzelentwurf zuerst genehmigten Strecke Hallesches Tor – Warschauer Straße konnte noch im Herbst vorigen Jahres mit der Bauausführung angefangen werden und bis zum Schluss des Jahres wird hier der eiserne Viadukt, abgesehen von den größeren Bauwerken, im Wesentlichen aufgestellt sein. Es erscheint daher an der Zeit, über diese für die Verkehrsverhältnisse Berlins überaus wichtigen und technisch hochbedeutsamen Unternehmungen auch an dieser Stelle eine die Hauptpunkte berührende Darstellung zu geben.

Über die Vorgeschichte des Unternehmens, die von Siemens & Halske schon 1880 geplanten, aber aus Verkehrs- und technischen Rücksichten bald wieder aufgegebenen Entwurf für elektrisch betriebene schmalspurige Hochbahnen, welche einerseits die Stadt nordsüdlich im Zuge der Friedrichstraße und andererseits westöstlich im Zuge der Leipziger Straße durchziehen sollten, sowie über die ursprüngliche Linienführung und Ausgestaltung der jetzt zur Ausführung kommenden Hochbahnstrecke ist im Jg. 1892 der *Deutschen Bauzeitung*[1] bereits ausführlicher berichtet worden, so dass hier ein kurzer Hinweis genügt.

Der Plan vom Jahre 1891 umfasste die folgenden Linien:

1. Eine von Osten nach Westen gerichtete, welche, an der Warschauer Straße beginnend, parallel zur Oberbaumbrücke über die Spree, dann in der Skalitzer Straße bis zum Torbecken, von hier am Elisabethufer entlang bis zum Landwehr-Kanal geführt werden und sodann dem Kanal z. T. unter Benutzung des sogenannten grünen Streifens bis zum Zoologischen Garten folgen sollte. Eine Verlängerung war bis zur Charlottenburger Flora[2] geplant und die ganze Linie als Hochbahn gedacht.

---

1) siehe Seite 110.
2) Vergnügungsstätte am Luisenplatz.

2. Eine Unterpflasterbahn vom Bahnhof Friedrichstraße am Reichstagufer entlang durch die Sommer- und Königgrätzer Straße bis zum Potsdamer Platz und unter diesem hindurch bis neben den gleichgenannten Bahnhof. Auf dem Hinterland der Linkstraße sollte sich die Linie dann zur Hochbahn erheben und der Flottwell- und Dennewitzstraße folgend, an die Ost-West-Linie anschließen. Verlängerungen waren einerseits vom Bahnhof Friedrichstraße als Fortsetzung der Unterpflasterbahn, bis zur Schlossbrücke dem Spreelauf folgend und andererseits von der Hochbahnstrecke aus nach Schmargendorf und dem Grunewald ins Auge gefasst.

3. Eine Hochbahnlinie, vom Bahnhof Friedrichstraße ausgehend, welche die Spree kreuzen und über dem Wasserlaufe der Panke bis zum Bahnhof Gesundbrunnen geführt werden sollte.

Von diesen Linien ist die 3. nicht weiter infrage gekommen und auch die 2. Linie wurde, so weit es sich um die Unterpflasterbahn vom Potsdamer Platz bis zum Bahnhof Friedrichstraße und der Schlossbrücke handelte, aus Zweckmäßigkeitsgründen zunächst ebenfalls zurückgestellt. Erst in diesem Jahre ist die Firma mit diesem Plan wieder hervorgetreten und hat die Genehmigung nachgesucht. Die Unterhandlungen mit den beteiligten Behörden versprechen bei der allseitig anerkannten Wichtigkeit dieser Linie einen günstigen Verlauf. Die kgl. Genehmigung zur Weiterverfolgung des Plans ist bereits unter dem 12. April 1897 erteilt.

Bezüglich der erstgenannten Linie ergaben sich bei den kommissarischen Verhandlungen zunächst Schwierigkeiten wegen der Linienführung über den bzw. am Kanal, und zwar weil man einerseits eine Zerstörung des Charakters der den Kanal begleitenden z. T. mit schönem, altem Baumbestande geschmückten Straßen, andererseits aber Unzuträglichkeiten für die Schifffahrt befürchtete. Erwünscht schien es außerdem, durch Verschiebung der Linie nach Süden die durch die geschlossenen Massen des Anhalter und des Potsdamer Bahnhofes stark zerrissenen und vom Verkehr abgeschnittenen südwestlichen Stadtteile in günstiger Weise aufzuschließen. Die Trasse wurde daher so abgeändert, dass die Hochbahn nach Übersetzung des Torbeckens der Gitschiner Straße bis zum Halleschen Tor folgen, dann den Kanal überschreiten und sich an ihm weiter bis zur Möckernbrücke ziehen sollte. Von hier war die Fortsetzung an der Anhalter Bahn entlang bis zur Hornstraße geplant, es war dann die Anhalter und Potsdamer Bahn zu überschreiten und schließlich sollte die Linie dem großen Ringstraßenzuge der Bülow-, Kleist-und Tauentzienstraße bis zum Zoologischen Garten folgen. Um diese stark nach Süden verschobene Bahn mit dem Stadtinneren wieder in günstiger Weise in Verbindung zu setzen, wurde von der Möckernbrücke eine Abzweigung nach dem Potsdamer Platz in Aussicht genommen.

Auch hiermit aber war die Trasse noch nicht endgültig festgelegt, denn es galt, die Bahnhöfe in möglichst günstiger, den Ansprüchen der Eisenbahn-Verwaltung genügender Weise zu kreuzen und außerdem machten die Luther- und die Kaiser-Wilhelm-Gedächtniskirche bekanntlich noch Verschiebungen erforderlich. Die Vorgänge sind genügend bekanntgeworden, so dass hierauf nicht wieder zurückgegriffen zu werden braucht.

Es wurde zunächst durch kgl. Erlass vom 22. Mai 1893 nur die Genehmigung zur Ausführung der Teilstrecke Warschauer Brücke–Nollendorfplatz gegeben, während erst unterm 26. Juni 1897 die Fortsetzung bis zum Zoologischen Garten die gleiche Zustimmung fand. Die aufgrund des Kleinbahn-Gesetzes unterm 15. März 1896 auf die Dauer von 90 Jahren erteilte Konzession des kgl. Polizei-Präsidiums, auf deren wesentliche Bestimmungen an den einschlägigen Stellen noch zurückgekommen wird, bezieht sich bisher nur auf die erstgenannte Teilstrecke. Von der Gesamtlänge der Hochbahn von 10,4 km entfallen 8,8 km auf Berliner Gebiet, 0,2 km auf Schöneberg, 1,4 km auf Charlottenburg. [...][1]

Die genehmigte Linienführung der Hochbahn ist in dem beigegebenen Übersichtsplan *Abb. 84* zur Darstellung gebracht.

Der Ausgangspunkt der Hochbahn liegt im Gelände des Zoologischen Gartens. Die Kaiser Wilhelm-Gedächtniskirche macht eine Umgehung des Auguste-Viktoria-Platzes in östlicher Richtung mit einer scharfen Kurve von nur 60 m Halbmesser und eine Durchbrechung des Häuserblocks zwischen Kurfürstendamm und Tauentzienstraße erforderlich. Dann wird bis zum Dennewitzplatz die Mittelpromenade des großen Ringstraßenzuges der Tauentzien-, Kleist- und Bülowstraße verfolgt. Die Nähe der Luther-Kirche erfordert wiederum eine Abschwenkung, und zwar auf den nördlichen Bürgersteig der Bülowstraße. Zum 2. Mal durchbricht die Bahn einen Häuserblock, um sodann die breiten Gleismassen des Potsdamer Außen-Bahnhofes fast rechtwinklig zu überschreiten und sich fernerhin mit einer Krümmung von 110 m Halbmes-

ser nach Norden abschwenkend neben den Viadukt der Ringbahn zu legen. Auf dem Gelände des alten Dresdener Güterbahnhofes findet eine Spaltung der Linie statt, die später noch *(Abb. 86)* im Besonderen dargestellt werden soll. Der kürzere Zweig verfolgt seinen Lauf nordwärts gerichtet neben der Ringbahn, überschreitet den Landwehrkanal und steigt auf dem Hinterland der Köthener Straße mittels einer Rampe herab, um vorläufig unter dem Potsdamer Platz an der Königgrätzer Straße in einer unter Pflaster liegenden Station zu enden. Der längere Zweig, welcher an den vorigen noch durch eine 2. Verbindungskurve angeschlossen wird, wendet sich ostwärts, durchbricht, zwischen an der Trebbiner Straße zum 3. Male einen Häuserblock, kreuzt in schräger Richtung zunächst den Landwehrkanal, dann die Anhalter Bahn und folgt weiterhin dem gekrümmten Lauf des Kanals auf dem wasserseitigen Bürgersteig bzw. dem grünen Streifen bis zur Einmündung des Sedanufer in die Gitschiner Straße. Von hier aus wird bis zur Spree durch die Gitschiner-, Skalitzer- und Oberbaumstraße die Mittelpromenade benutzt. Die Spree selbst wird auf dem östlichen Bürgersteig der von der Stadt erbauten neuen Oberbaumbrücke gekreuzt, welche bereits den zur Aufnahme der Bahn erforderlichen Viadukt trägt. An der Ecke der Warschauer- und Rudolfstraße endet die Bahn vorläufig in einer solchen Höhenlage, dass später die Fortsetzung über die Schlesische, Stadt- und Ost-Bahn hinweg möglich ist. Vorläufig ist jedoch nur der Anschluss einer elektrischen Straßenbahn geplant, welche durch die Warschauer, Petersburger, Thaer- und Eldenaer Straße bis zum städt. Zentralviehhof geführt werden soll.

---

[1] Der hier fehlende Textabschnitt findet sich leicht aktualisiert im Kapitel VI wieder.

Die Gesamtlänge der Hochbahnlinie einschl. der Abzweigung zum Potsdamer Platz beträgt 10,4 km. Davon liegen rd. 75 % in der Geraden und 25 % in Krümmungen. Die Mehrzahl der Krümmungen hat Halbmesser von über 100 m Länge; der kleinste Halbmesser von 60 m kommt nur bei der Umgehung der Kaiser-Wilhelm-Gedächtniskirche vor. Zum leichten Durchfahren dieser Kurven erhalten die langen Wagen zwei je zweiachsige Drehgestelle.

Die Höhenlage der Bahn ist abhängig von den lichten Durchfahrtshöhen, welche an den Straßenkreuzungen und bei der Überschreitung vorhandener Eisenbahnlinien erforderlich sind. Die Erstere ist nach der Konzession im Allgemeinen auf mindestens 4,55 m festgesetzt. Seitens der Feuerwehr wurde außerdem noch die Forderung gestellt, dass die Konstruktions-Unterkante der eisernen Viadukte über den Mittelpromenaden mindestens in 2,8 m Höhe liegen müsse, um an jeder Stelle mit Löschzügen bequem von der einen auf die andere Straßenseite gelangen zu können. Für die Kreuzung der Wannsee- und Ringbahn war eine Lichthöhe von 4,8 m, für die eventuell später noch aufzuhöhende Anhalter Bahn eine solche von 5,3 m festgesetzt. Bei der Überschreitung der Bahnen und bei dem Herabsteigen zur Unterpflasterbahn zeigt das Längsprofil daher starke Neigungen von 1:40 bzw. 1:38, um die Höhenunterschiede rasch zu überwinden. Auf der gewöhnlichen Strecke dagegen überschreiten die Steigungen, welche insgesamt 41 % der Länge ausmachen, das Maß von 1:100 nicht.

Der Höhenunterschied zwischen dem tiefsten Punkt am Potsdamer Platz und dem höchsten bei Überschreitung der Ringbahn beträgt rd. 16m.

Die Hochbahnlinie erhält im ganzen zwölf Haltestellen, zu denen noch die unter Pflaster liegende POTSDAMER PLATZ hinzukommt. Die Namen: ZOOLOGISCHER GARTEN, WITTENBERGPLATZ, NOLLENDORFPLATZ, POTSDAMER STRASSE[1], MÖCKERNBRÜCKE, HALLESCHES TOR, PRINZENSTRASSE, KOTTBUSSER TOR, GÖRLITZER BAHNHOF, SCHLESISCHES TOR, STRALAUER TOR sowie WARSCHAUER BRÜCKE bezeichnen gleichzeitig die Lage der an den Verkehrs-Knotenpunkten angeordneten Haltestellen. Bei den Zwischenstationen liegen die Bahnsteige nach Fahrtrichtungen getrennt beiderseits der Gleise und sind durch Treppen von den Mittelpromenaden aus zugänglich gemacht. Die ebenfalls für die Fahrtrichtungen getrennten, von einem Vorraum ausgehenden überdeckten Treppen fassen zwischen sich einen kleinen Fahrkartenschalter, während auf dem ersten Treppenabsatz die Einbauten für die Kontrollbeamten angeordnet sind. Aborte und Warteräume sind nicht vorhanden. Die Bahnsteige erhalten 75 m Länge, wovon zunächst nur 45 m, also 3 – 4 Wagenlängen, mit einer Halle überdacht werden. Die je rd. 3m breiten Bahnsteige liegen 0,72 m über Schienenoberkante, also nur um Stufenhöhe unter dem Wagenkastenboden. Die Lichtweite der Halle ist auf 11,5 m bemessen, die Entfernung der Fahrbahnhauptträger auf 6,2 m. Eine Ausnahme bildet die Haltestelle an der Prinzenstraße, wo nicht die nötige Breite zur Unterbringung der Zugänge und Treppen in der Mitte vorhanden ist. Hier wird der südliche Bahnsteig von einem kleinen Gebäude mittels Treppenanlage und über die Straße gespannter Brücke von dem Grundstück der englischen Gasanstalt her erreicht

1) Eröffnet als Bülowstraße.

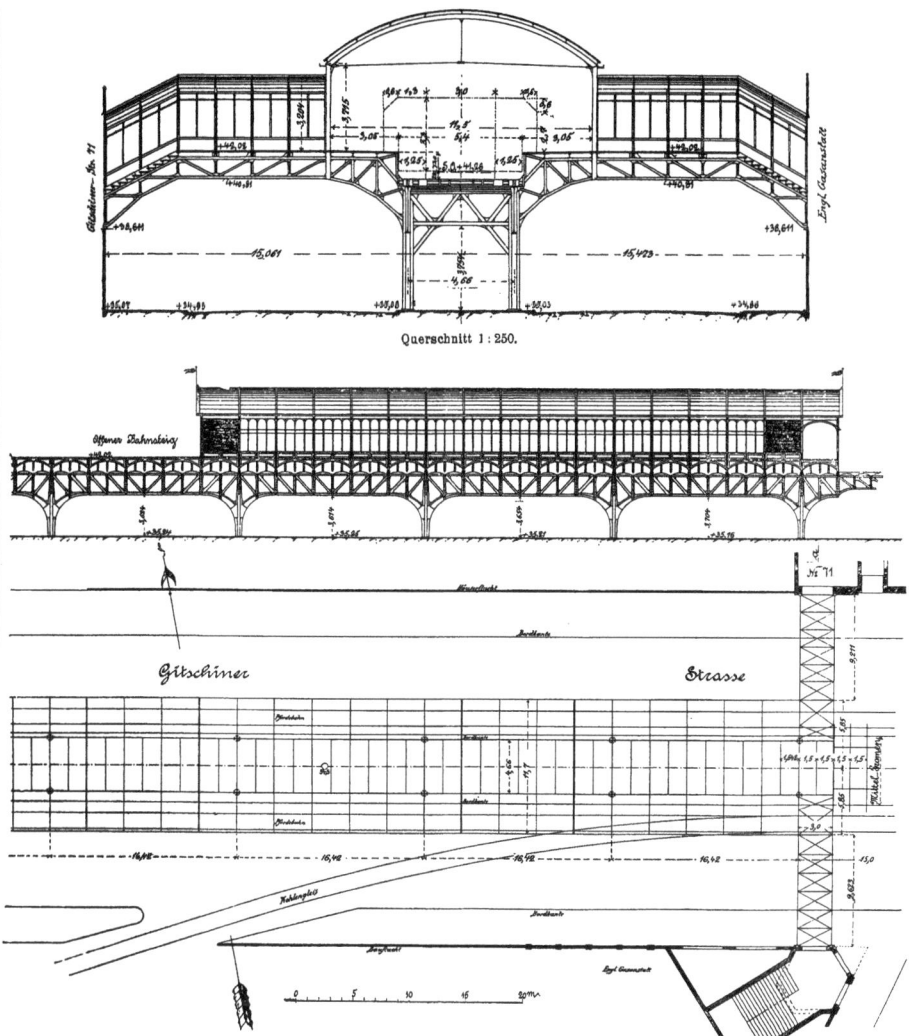

Querschnitt 1 : 250.

Abb. 85. Haltestelle Prinzenstraße.

und der nördliche Bahnsteig in ähnlicher Weise vom Hause Gitschiner Straße 71 aus. Die allgemeine konstruktive Anordnung dieser Haltestelle ist in *Abb. 85* zur Darstellung gebracht. In den Hallenquerschnitt ist auch das lichte Profil für die nicht mit Trittbrettern ausgerüsteten Wagen eingezeichnet. Die als Kopfstation ausgebildete Haltestelle ZOOLOGISCHER GARTEN wird mit Rücksicht auf den voraussichtlich sehr starken Verkehr, um möglichst an

Zeit zu sparen und das ein- und aussteigende Publikum zu trennen, mit drei Bahnsteigen, die am Kopf durch einen querliegenden verbunden sind, ausgerüstet werden.

Die Züge fahren aus demselben Gleis aus, das sie bei der Einfahrt benutzen. Die ankommenden Personen steigen stets rechts aus, die abfahrenden von der anderen Wagenseite und dem anderen

Bahnsteig in der Fahrtrichtung wieder rechts ein. Diese Anordnung bedingt die Verbindung der beiden Gleise vor den Bahnsteigen durch ein Weichenkreuz. Zum Aufstellen von Wagen und Zügen sind Leergleise vorgesehen. Die Höhenlage der Haltestelle ist derart gewählt, dass später eine Weiterführung der Bahn mit Überschreitung der Stadtbahn ausführbar ist. Im übrigen liegen die Haltestellen mit den Bahnsteigen meist nur rd. 6 m über der Straße.

Die mittlere Entfernung der Haltestellen beträgt 930 m, die kleinste zwischen STRALAUER TOR und WARSCHAUER BRÜCKE 340 m, die größte zwischen POTSDAMER STRASSE und POTSDAMER PLATZ 1940 m. Im Hauptzweig ZOOLOGISCHER GARTEN – WARSCHAUER BRÜCKE erreicht die mittlere Stationsentfernung sogar nur das Maß von 790 m gegenüber 1140 m auf der gleichen Strecke der alten Stadtbahn.

Die Station WARSCHAUER BRÜCKE bildet den Hauptbetriebsbahnhof der elektrischen Hochbahn. Der Viadukt ist hier auf städtischem Grund und Boden zwischen der Warschauer Straße und dem tiefliegenden Gelände der ehemaligen Stralauer Wasserwerke in einer Breite von 26,5 m in massiver Ausführung geplant. Auf und unter dem Viadukt sollen Wagenschuppen, Werkstätten usw. untergebracht werden. Der Verkehr auf dieser Station wird zunächst nur ein geringer sein, sich jedoch durch die Ausführung von Dampfer-Anlegestellen neben der Oberbaumbrücke bald heben. Falls die zurzeit als Straßenbahn genehmigte Linie zum städt. Zentralviehhof später als Hochbahn ausgebaut wird, empfiehlt sich eine Verlegung der Haltestelle an die Kreuzung mit der Stadtbahn und eine unmittelbare Verbindung der beiderseitigen Bahnsteige.

Den Hauptverkehr der östlichen Haltestellen wird jedenfalls diejenige am Schlesisch. Tor erhalten, in welcher namentlich im Sommer ein großer Andrang seitens der Ausflügler zu erwarten steht. Hier wie am ZOOLOGISCHEN GARTEN, wo ebenfalls plötzliche Verkehrs-Anschwellungen auftreten können, sind deshalb entgegen der sonstigen möglichst einfachen Ausstattung der Stationen auch Warteräume vorgesehen.

Den interessantesten Teil der Hochbahn bildet die Überschreitung des Potsdamer Außenbahnhofs und der Ringbahn, sowie die Gabelung auf dem Gelände des alten Dresdener Bahnhofs. Letztere ist in größerem Maßstab in *Abb. 86* dargestellt, während die beigegebene Planbeilage, *Abb. 87*, die Überschreitung des eisenbahnfiskalischen Geländes durch die Hochbahn im Lageplan, *Abb. 88* im Höhenplan zeigt.

Die Hochbahn sollte den Potsdamer Außenbahnhof anfangs in einer einzigen Spannung von rd. 140 m überschreiten, es ist jedoch nachträglich seitens der Eisenbahn-Verwaltung die Stellung einer Zwischenstütze gestattet worden, so dass zwei Spannungen von 60 m und 80 m entstehen. Die hierdurch bedingte geringfügige Änderung der jetzigen Gleisanlage ist aus *Abb. 87* ersichtlich. Es ist jedoch noch der Vorbehalt gemacht, dass die Stütze auf Erfordern um 4,5 m nach rechts oder links verschieblich sein muss. Die Konstruktion der Brücken, die im Übrigen durch diese Teilung sowohl hinsichtlich des Kostenaufwandes, als auch der äußeren Erscheinung günstiger gestaltet wird, muss dieser Forderung gerecht werden. Nach geradliniger Überschreitung des Potsdamer Außenbahnhofs kreuzt die Hochbahn in einer Krümmung von 110 m Halbmesser die

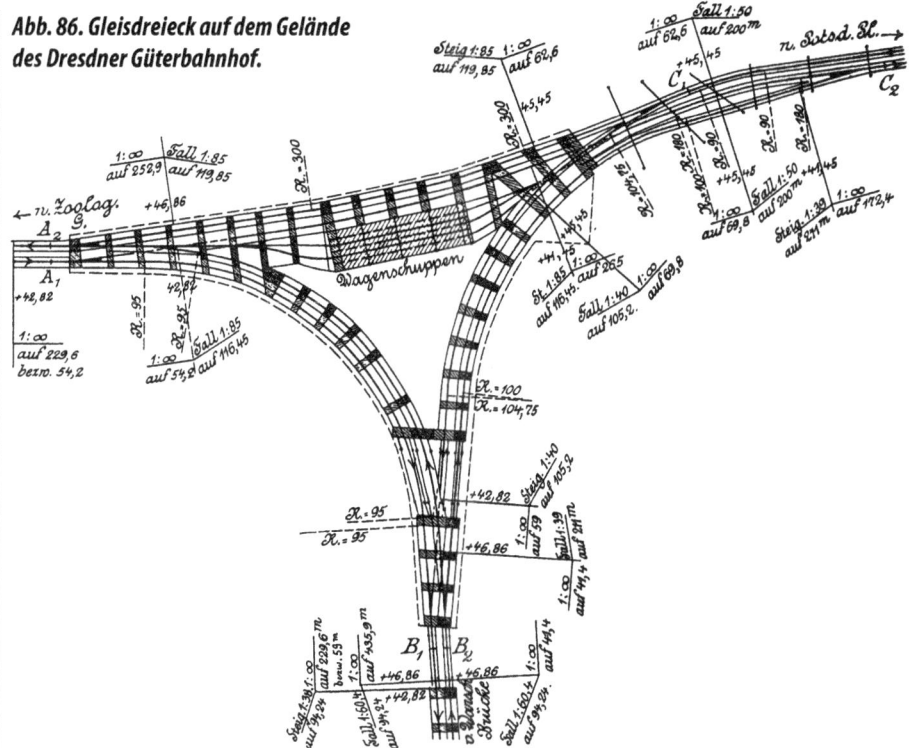

Abb. 86. Gleisdreieck auf dem Gelände des Dresdner Güterbahnhof.

Ringbahn[1] und legt sich dann südöstlich parallel neben dieselbe. Es ist dabei Rücksicht genommen auf eine wesentliche Verbreiterung des jetzigen Ringbahn-Viaduktes in Hinsicht auf den späteren viergleisigen Ausbau der Ringbahn und die Einführung des Anhalter Vorortverkehrs in den Potsdamer Ringbahnhof. In der Planbeilage, *Abb. 87*, sind diese geplanten Neuanlagen bzw. Erweiterungen und Umgestaltungen in Blau eingetragen, während die Linienführung der elektrischen Hochbahn in Rot dargestellt ist.

Auf dem Gelände des alten Dresdener Bahnhofes erfolgt eine Gabelung der Hochbahngleise derart, dass der eine Zweig parallel zum Viadukt der Ringbahn seinen Weg zum Potsdamer Platz

fortsetzt, während der andere mit 95 m Halbmesser nach Osten abschwenkt. Zwischen diesen beiden Zweigen ist eine Verbindungskurve von 100 m Halbmesser hergestellt, so dass hierdurch ein durchgehender Betrieb in den Richtungen Zoologischer Garten – Warschauer Brücke, Zoologischer Garten – Potsdamer Platz, Potsdamer Platz – Warschauer Brücke und umgekehrt ermöglicht ist. Diese Verzweigung bedingt die Ausführung von 6 Weichen, von denen 3 gegen die Spitze befahren werden und von 3 Gleiskreuzungen. Da bei dem nach dem Vertrage mit der Stadt Berlin vorgesehenen Betrieb mit einer Zugfolge von 5 Minuten an diesen nach zwei Richtungen durchfahrenen Kreuzungen die Züge sich in noch kürzeren Zeitabständen folgen, werden dieselben, um einen derartig intensiven Verkehr

---

Die Ringbahn verfügte – wie die Hochbahn – über einen Abzweig zum Potsdamer Platz.

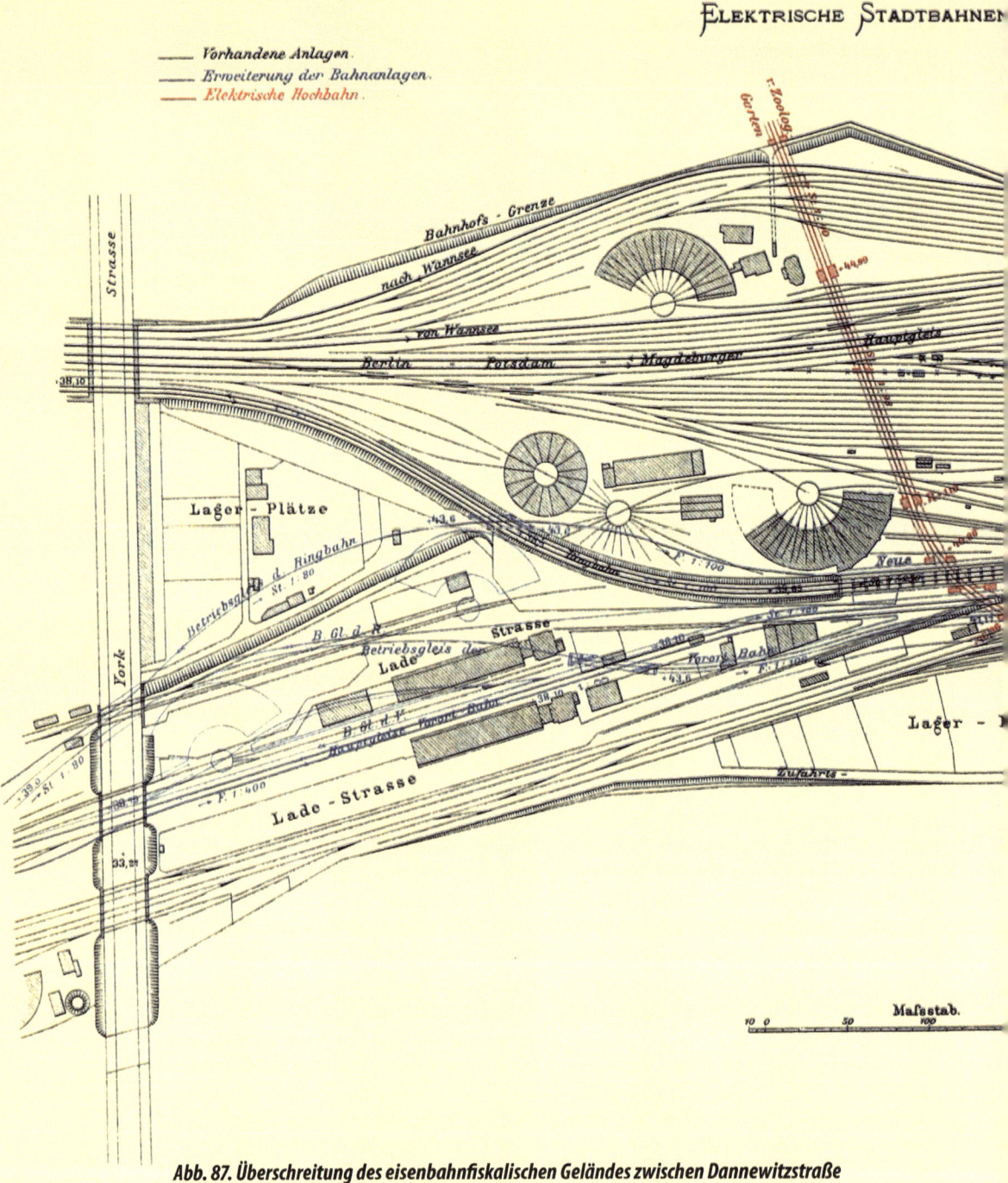

Abb. 87. Überschreitung des eisenbahnfiskalischen Geländes zwischen Dannewitzstraße und Tempelhofer Ufer unter Berücksichtigung des viergleisigen Ausbaus der Ringbahn und der Einführung der Anhalter Vorortgleise in den Potsdamer Ringbahnhof.

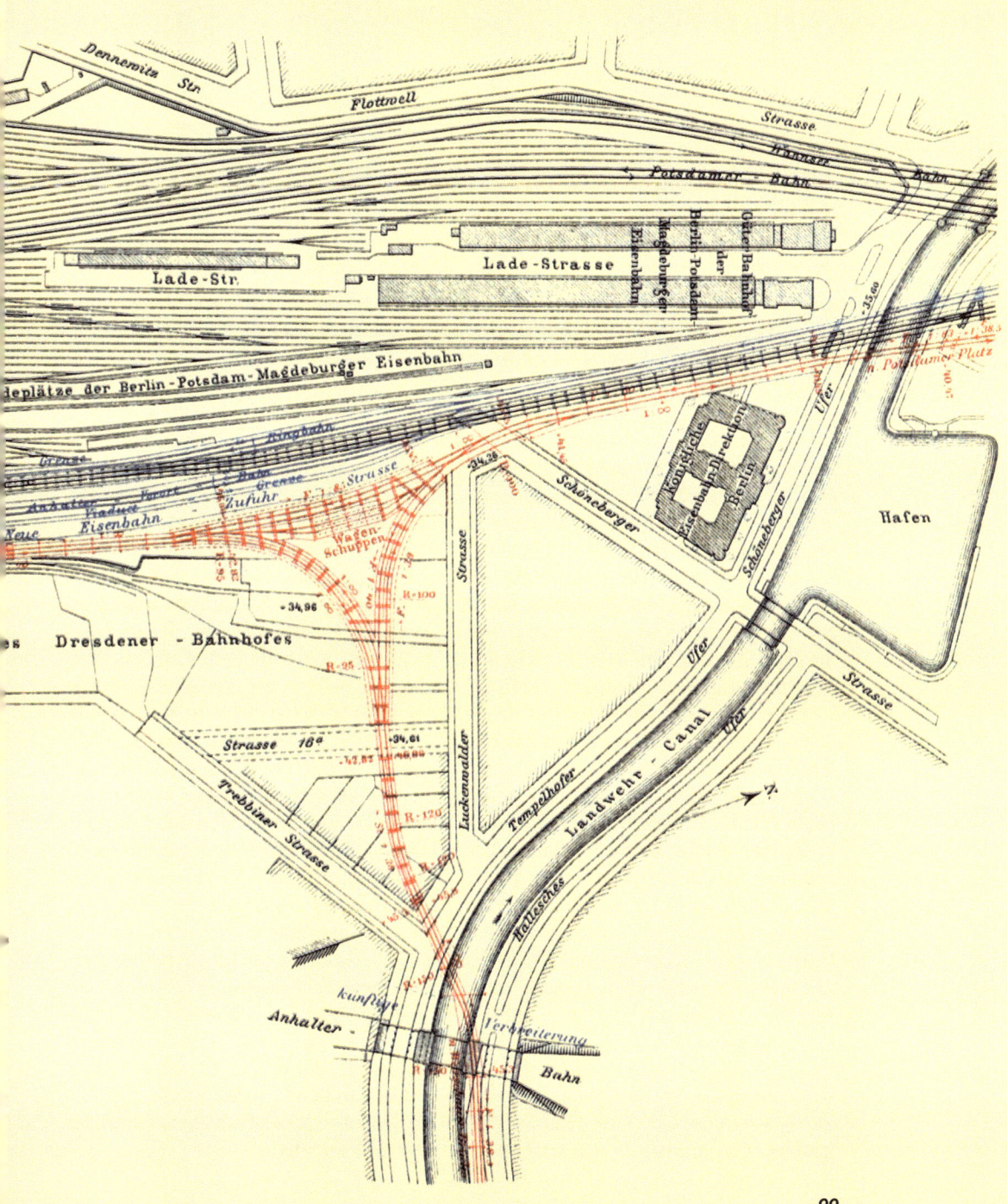

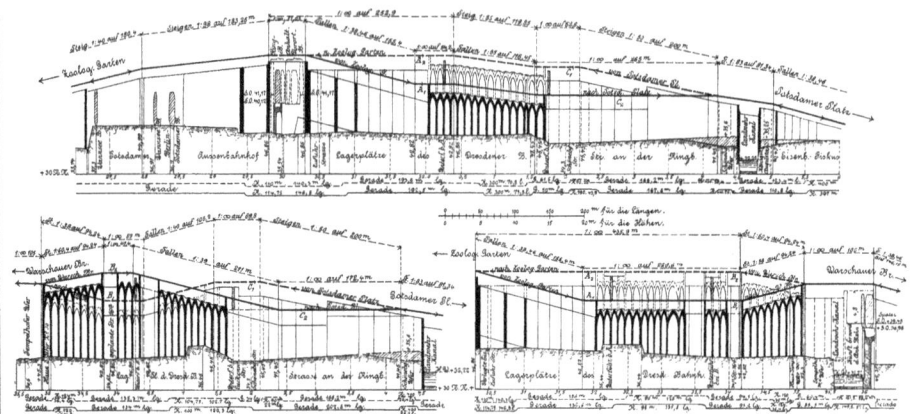

Abb. 88. *Höhenplan der Überbrückung des eisenbahnfiskalischen Geländes zwischen Dannewitzstraße und Tempelhofer Ufer unter Berücksichtigung des viergleisigen Ausbaus der Ringbahn und der Einführung der Anhalter Vorortgleise in den Potsdamer Ringbahnhof.*

überhaupt zu ermöglichen und den Betrieb zu sichern, schienenfrei ausgeführt, die. Gleise der Gabelung müssen also in verschiedener Höhenlage angeordnet werden. Diese Ausführung wird begünstigt durch den Umstand, dass die Schienenoberkante der Hochbahn an der Kreuzung mit der Ringbahn schon auf Ordinate +46,86 liegen muss, weil die geplanten äußeren Betriebsgleise der Ringbahn und der Anhalter Vorortbahn schon eine Höhe von +41,17 an dieser Stelle erhalten (*vgl. Abb. 88*). Da das Gelände des Dresdener Bahnhofes zwischen +34,30 und +36,44 liegt, ist also die Höhe für die Unterführungen reichlich vorhanden und es verbleibt dann selbst zwischen den tiefliegenden Gleisen und dem Bahnhofsgelände noch ausreichende Höhe zur Unterführung der Zufahrtsstraßen. An den Kreuzungsstellen liegt die Schienenoberkante der oberen Linie 4 m über derjenigen der unteren. Bei 3,3 m Höhe der Umgrenzung des lichten Raums verbleiben also noch 70 cm Konstruktionshöhe. In hoher Lage werden die Gleise in der Richtung WARSCHAUER BRÜCKE – POTSDAMER PLATZ und WAR-

SCHAUER BRÜCKE – ZOOLOGISCHER GARTEN sowie POTSDAMER PLATZ – ZOOLOGISCHER GARTEN im Gleisdreieck geführt, während die 3 anderen Gleise unter den erstgenannten hindurchgeführt werden, also mit scharfem Gefälle zunächst bis zur nötigen Tiefe herabsteigen, um sich dann mit kurzen Steigungen wieder an den hochliegenden Strang der gleichen Richtung anzuschließen. Für den elektrischen Betrieb bereitet eine derartige Anordnung keine Schwierigkeiten, um so weniger, als die Züge diese Strecken in voller Fahrt durchlaufen, so dass also die lebendige Kraft, welche am Fuß der Gefällestrecke vorhanden ist, noch zur Überwindung der Steigung mitbenutzt werden kann. Der Unterbau der Hochbahn besteht innerhalb des Gleisdreiecks aus gewölbten Viadukten. Nur an den Gleiskreuzungen und Straßenunterführungen sind eiserne Träger eingelegt. Innerhalb des Gleisdreiecks ist die Fläche zur Anlage eines Wagenschuppens ausgenutzt, der in zwei Geschossen ausgeführt und nach Süden an die hochliegenden, nach Norden an die tiefen Gleise angeschlossen ist.

Der Unterbau der Hochbahn wird im Wesentlichen in Eisen hergestellt. Gewölbte Viadukte sind nur, wie schon angegeben, an der Station WARSCHAUER BRÜCKE, im Gleisdreieck auf dem Dresdener Bahnhof und im ZOOLOGISCHEN GARTEN vorgesehen. Im Letzteren war ihre Ausführung aus Schönheitsrücksichten verlangt worden. Zwischen Futtermauern liegt die Rampe, welche auf dem Hinterland der Köthener Straße zum Potsdamer Platz hinabführt. Steinpfeiler sind vereinzelt in der Nähe der Kaiser-Wilhelm-Gedächtniskirche und bei der Überschreitung des Lausitzer Platzes usw. zur Ausführung gelangt. Aus ästhetischen Rücksichten wäre eine häufigere Anordnung von Steinpfeilern, die mit ihrer kräftigeren Erscheinung als wohltuende Ruhepunkte in der langen Flucht des schmucklosen Eisenviaduktes gedient haben würden, sehr erwünscht gewesen. Dem stand aber die Forderung entgegen, dass die freie Bewegung des Verkehrs durch die Aufstellung von Stützen nur so wenig wie irgend möglich behindert werden dürfte. So war namentlich an den Straßenkreuzungen die Aufstellung von Steinpfeilern meist nicht möglich.

Die flusseisernen Viadukte sind derart ausgebildet, dass jedes Gleis nur von einem Hauptträger getragen wird und dass mit den Stützen fest verbundene Kragträger abwechseln mit Zwischenträgern, die zwischen den überstehenden Enden der Stützen beweglich eingehängt sind. Die Stützen sind am Fuß gelenkartig ausgebildet. Es ermöglicht eine derartige Anordnung die Übertragung der Bremskräfte und aller seitlichen Kräfte unmittelbar auf jede Stütze, da jedes Feld in sich ein festes System bildet. Die Stützen erhalten hierbei ferner einen möglichst kleinen Querschnitt

am Fuß und bedürfen bei entsprechend gewähltem Abstand der Hauptträger keiner besonderen Verankerung in den Fundamenten. Letztere brauchen daher nur die zur Übertragung des Stützendruckes nötige Grundfläche und fallen somit, da der gute Baugrund überall leicht zu erreichen ist, ziemlich klein aus. An den Straßenkreuzungen sind zur Aufnahme der weiter gespannten Überbrückungen und der unregelmäßigen Endfelder der Viadukte kräftigere, mit den Fundamenten verankerte Eisenpfeiler erforderlich.

Die eisernen Viadukte werden nach drei Typen ausgeführt. In den zwischen 50 – 60 m breiten Gürtelstraßen, die eine 11 – 13 m breite Mittelpromenade besitzen, also in der Skalitzer Straße, der Tauentzien-, Kleist- und Bülowstraße kann die Schienenoberkante bis auf 4,5 m über der Promenade gesenkt werden, ohne dass der Straßen-Verkehr behindert wird. Die Hauptträger erhalten dann zweckmäßigerweise einen Abstand von 3,5 m, die Stützen eine Entfernung von 12 m. Bei der gleichen Stützenweite mussten die Hauptträger am Kottbusser Tor und Lausitzer Platz auf 4,2 m auseinander gelegt werden, weil sonst sehr kostspielige Verlegungen der Kanalisations- und Wasserleitungs-Rohre erforderlich geworden wären. Die nur mit einem 6 m breiten Mittelperron ausgestattete Gitschiner Straße erfordert eine Höhe von 6 m für die Schienenoberkante, da sonst über den beiderseitigen Straßen-Fahrdämmen nicht die nötige Lichthöhe verbleibt. Als zweckmäßigste Stützen-Entfernung ergab sich 16,5 m während 3,5 m als Abstand der Hauptträger für die Standsicherheit gegen seitliche Kräfte noch ausreichte.

Längs des Kanals war mit Rücksicht auf die Rampen der geplanten Möckern-

und Großbeerenbrücke eine Lichthöhe von 7,5 m erforderlich, um den Straßenverkehr nicht zu beeinträchtigen. Da hier außerdem Gründungs-Schwierigkeiten zu erwarten sind, wurde die Stützweite zu 21 m bestimmt, der Abstand der Hauptträger auf 3,9 m erhöht. In *Abb. 25* ist die Ausbildung dieses Viadukttyps des Näheren dargestellt.

Die Kragträger sind als 5-fach statisch unbestimmte Systeme berechnet. Die Stützpunkte der Füße sind bisher nicht als eigentliche Gelenke, sondern in Plattenform ausgeführt. Aus Schönheitsrücksichten sollen sie jedoch weiterhin als Kugelgelenke in die Erscheinung treten. Bei der Ausbildung der Träger werden, um alle klirrenden Geräusche zu vermeiden, keinerlei schlaffe Teile zugelassen und alle Querschnitte unter reichlicher Anwendung von Futterblechen voll ausgeführt. Bei den Stützweiten von 16,5 m und 21 m sind die Querschnitte aus Winkeleisen und Lamellen zusammengesetzt und die Zwischenträger mit Gleitlagern in die aufgeschlitzten Enden der Kragträger eingeschoben. Bei der Stützweite von 12 m sind ausschließlich ⊏-Eisen zur Querschnittsbildung angewendet, die Auflagerungen mittels Drehbolzen bewirkt.

Die Querträger sind meist in 1,5 m Abstand angeordnet, so dass die Schienen unmittelbar auf denselben ohne weitere Unterstützung gelagert werden können. Sie sind aus I-Eisen Norm.-Prof. 26 bei einer Hauptträger-Entfernung von 3,5 m, Norm-Prof. 28 bei 3,9 m und 4,2 m Abstand gebildet. Sie haben eine Länge von 7 m entsprechend der Breite der Fahrbahntafel und werden an den überstehenden Enden durch Streben gestützt. Da nach der Konzession und den Verträgen mit den Gemeinden eine wasserdichte, möglichst schalldämpfende

Abdeckung der Fahrbahntafel verlangt worden ist, sind auf den Unterflanschen der Querträger stehende Tonnenbleche aufgenietet, die bis zur Oberkante mit Kies gefüllt werden. Hierauf wird noch eine Asphaltschicht aufgebracht. Diese Fahrbahntafel ist durch Abfallrohre an die Kanalisation angeschlossen. Das Ziel absoluter Wasserdichtigkeit und möglichster Schalldämpfung ist durch diese geschlossene Fahrbahntafel wohl erreicht, unzweifelhaft verdankt der Viadukt derselben aber auch seine etwas schwerfällige Erscheinung.

Die Straßen, Wasserläufe und Eisenbahnen sind mit weiter gespannten Parallelträgern bzw. Halbparabelträgern mit unten liegender Fahrbahn überbrückt, um die Schienenoberkante möglichst herabzudrücken. Bei 4,55 m lichter Durchfahrtshöhe und 0,75 m Konstruktionshöhe liegt dann Schienenoberkante nur 5,3 m über Straße, während die alte Stadteisenbahn eine Höhe von 7,25 m über Straßenoberkante hat. Im Interesse bequemer Zugänglichkeit der meist unmittelbar neben den Straßenkreuzungen liegenden Haltestellen ist diese niedrige Lage der Hochbahn sehr günstig. Die Kreuzung des Luisenstädtischen Kanals konnte durch einen Fischbauchträger mit oben liegender Fahrbahn bewirkt werden. Für die Überschreitung des Kurfürstendamms ist mit Rücksicht auf die Nähe der Kaiser-Wilhelm-Gedächtniskirche eine Bogenbrücke geplant, durch deren massive Widerlager die Bürgersteige durchgeführt werden.

Ein Beispiel für die übliche Ausgestaltung der Brücken gibt *Abb. 89* in der Unterführung des Luisenufers. Die Hauptträger, die sonst nur 6,2 m Entfernung bei unten liegender Fahrbahn haben müssen, liegen hier wegen der

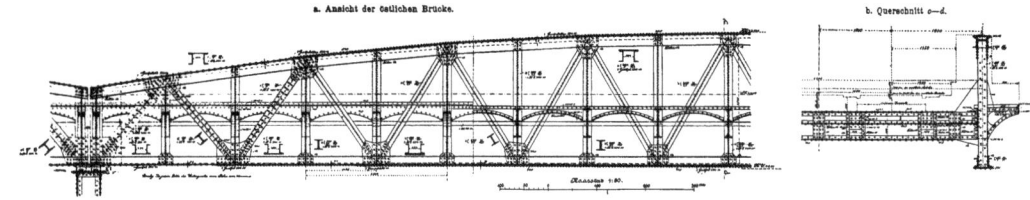

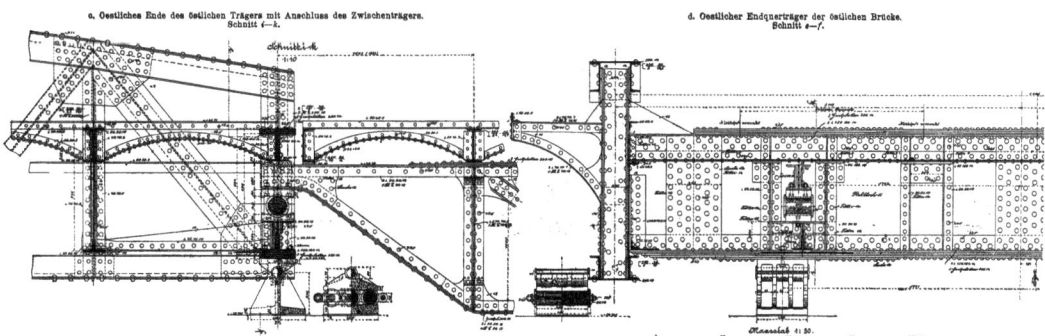

c. Oestliches Ende des östlichen Trägers mit Anschluss des Zwischenträgers.
Schnitt i—k.

d. Oestlicher Endquerträger der östlichen Brücke.
Schnitt e—f.

Krümmung der Bahnachse in 6,61 m Entfernung. Wegen Raummangels konnten die Stützen jedoch nur 3,91 m Abstand erhalten, so dass die Auflagerung in mittelbarer Weise durch den Endquerträger erfolgt[1]. Die freien Enden des Viaduktanschlusses finden ihr Auflager in Schlitzen dieses Querträgers.

Der Berechnung der Eisenkonstruktion ist eine Belastung durch Motorwagen mit zwei je 2-achsigen Drehgestellen zugrunde gelegt. Die Drehgestellungen sind 9,5 m, die Radachsen 1,5 m entfernt. Die Motorachse ist mit 6 t, die Laufachse mit 4 t belastet. Der Winddruck ist mit 120 kg/m², der Bremsschub mit $\frac{1}{7}$ des Gewichts der gebremsten Achsen in Ansatz gebracht. Als zulässige Beanspruchung des Flusseisens sind 1100 kg/cm² für nur gezogene oder nur gedrückte Teile, 900 kg/cm² für Teile mit wechselnder Beanspruchung, 650 – 700 kg für die Querträger gerechnet worden.

1) Das in der Zeichnung angedeutete Kipplager soll übrigens durch ein Kugellager ersetzt werden.

Abb. 89. Unterführung des Luisenufer.

Die Ausbildung des Oberbaues steht noch nicht fest. Voraussichtlich werden Goliath-Schienen verwendet, die unmittelbar auf den Querträgern ihre Unterstützung finden. Unterlagen von imprägniertem Holz und Filz sollen die Stöße und das Geräusch mildern.

Über die Betriebsmittel ist schon einiges angegeben. Hervorzuheben ist noch, dass die Wagen keine Trittbretter erhalten, so dass bei 3 m Entfernung der Gleismitten und 2,3 m Wagenkastenbreite noch ein Spielraum von 70 cm verbleibt. Die Umgrenzung des lichten Raums ist in *Abb. 85 u. 89* angedeutet. Einstweilen sind für den Betrieb 42 Motorwagen und 21 Anhängewagen vorgesehen.

Der endgültige Entwurf wird demnächst den Aufsichtsbehörden vorgelegt. Die Motorwagen erhalten 35, die Anhängewagen 60 Sitzplätze.

Die bei schwächerem Verkehr aus zwei Motorwagen, bei stärkerem Verkehr außerdem noch aus einem Beiwagen bestehenden Züge sollen sich nach dem Vertrag mit der Stadt Berlin in 5 Minuten Abstand folgen. In den beiden ersten Morgen- und letzten Abendstunden des 19-stündigen Betriebs von 5 Uhr morgens bis 12 Uhr nachts darf die Zugfolge auf 10 Minuten beschränkt werden. Die Geschwindigkeit darf 50 km/h nach der Konzession nicht überschreiten. Beabsichtigt ist nur eine Fahrgeschwindigkeit von 40 km/h. Die mittlere Geschwindigkeit reduziert sich durch den Zeitverlust beim Anfahren, Aufenthalt auf den Stationen usw. auf etwa 27,5 km/h.

Die Kraftstation wird an der Trebbiner Straße errichtet. Von hier aus sollen sowohl die Hochbahn, wie die beiden geplanten Unterpflasterbahnen Strom erhalten, der mit 750–800 Volt Spannung in die als blanke Leitung auszuführende Speiseleitung der Viadukte eintritt. Die Ausbildung der Arbeitsleitungen steht noch nicht fest. Für den Betrieb der Hochbahn werden zunächst drei Dampfmaschinen zu je 1000 PS von Borsig geliefert. Nähere Mitteilungen über den elektrischen Betrieb, die Block- und Signaleinrichtungen usw. können zurzeit noch nicht gegeben werden.

Mit der Aufstellung der Viadukte ist, nachdem Ende 1896 noch einige Fundamente ausgeführt wurden, im Frühjahr dieses Jahres in der Gitschiner Straße angefangen worden. Die Gründungsarbeiten haben bisher im Wesentlichen Held & Francke ausgeführt. Von den 18 000 t Flusseisen des gesamten Oberbaues sind jetzt etwa 5000 t vergeben. Die Arbeiten in der Gitschiner und Skalitzer Straße sind bisher von Belter & Schneevogl und Cyklop, Berlin sowie L. Eilers, Hannover, ausgeführt. Im Frühjahr 1900 soll die ganze Hochbahnlinie betriebsfähig sein.

Die Gesamtkosten der elektrischen Hochbahn vom Zoologischen Garten bis zur Warschauer Brücke mit der Abzweigung zum Potsdamer Bahnhof berechnen sich wie folgt in runden Zahlen:

Grunderwerb usw. . . . 8 000 000 M
Bahnkörper, Viadukt, Brücken
. . . . 8 000 000 M
Oberbau, Weichen usw. . . 850 000 M
Elektrische Signale usw. . . 150 000 M
Haltestellen (ohne Unterbau)
. . . . 550 000 M
Werkstätten, Betriebsbahnhof
. . . . 290 000 M
Betriebsmittel . . . . . 1 500 000 M
Kraftstation . . . . . . 860 000 M
Leitungen . . . . 600 000 M
Verwaltungskosten . . . . 780 000 M
Insgemein . . . . 420 000 M
Summe . . . . 22 000 000 M

Rechnet man hierzu noch die Zinsen des Baukapitals, die Verwaltungskosten der Gesellschaft usw., so kommt man auf etwa 24 Mill. M.

Von den 8 Mill. M für Grunderwerb, für welchen mit Rücksicht auf den gemeinnützigen Zweck der Hochbahn der Gesellschaft das Enteignungsrecht erteilt worden ist, gehen etwa 4 Mill. M für die wieder verwerteten Restgrundstücke ab, die von der Gesellschaft selbst wieder in zweckmäßiger Weise umgebaut werden. Das wertvollste Grundstück ist dasjenige zwischen Kurfürstendamm und Tauentzienstraße. Mit Rücksicht auf die Nähe der Kaiser-Wilhelm-Gedächtniskirche hat sich die Gesellschaft bereiterklärt, dieses Grundstück durch den Architekten der Kirche, Baurat Franz Schwechten, als ein Gegenstück des sogen. romanischen Hauses, ebenfalls in romanischen Formen neu bebauen zu lassen.

Auf die Ertragsberechnung, die sich auf einen Verkehr stützt, der durch Vergleich mit dem Verkehr auf der Stadtbahn und den in gleicher Richtung verlaufenden Pferdebahnen ermittelt ist, und die sich ferner auf Fahrpreise gründet, die denjenigen der Berliner Stadteisenbahn entspricht, soll hier nicht weiter eingegangen werden.

Die vorstehende, in den Hauptzügen dargestellte elektrische Hochbahn schließt mit der Stadteisenbahn einen vollständigen Ring. Sie wird voraussichtlich nicht unwesentlich zur Entlastung dieser an der Grenze ihrer Leistungsfähigkeit angekommenen Verkehrsanlage dienen und in ihrer Wirkung namentlich noch in hervorragender Weise den bisher in ihrer Entwicklung zurückgebliebenen südöstlichen Stadtteilen zugutekommen. Als wichtige Ergänzung dieser Linie hat die Firma Siemens aber noch zwei weitere geplant, die in dem Übersichtsplan *Abb. 84* ebenfalls eingetragen sind. Die eine soll ganz als Unterpflasterbahn nach Art der in Budapest ausgeführten elektrischen Untergrundbahn vom Potsdamer Bahnhof der Hochbahn durch die Königgrätzer Straße, am Reichstagufer entlang bis zur Weidendammer Brücke geführt werden, also die überaus wichtige, bisher fast ganz fehlende Verbindung zwischen dem Potsdamer Bahnhof und dem Stadtbahnhof Friedrichstraße herstellen. Eine Verlängerung soll bis ins Zentrum zur Schlossbrücke reichen. Zur weiteren Entlastung der Stadtbahn und namentlich auch der für den Verkehr kaum mehr ausreichenden Leipziger Straße soll eine zweite Unterpflasterbahn vom Potsdamer Platz durch die Voßstraße, Mohrenstraße bis jenseits des Hausvogteiplatz geführt werden, sich dort auf dem Gelände des ehemaligen Grünen Grabens bis zum Spittelmarkt zur Hochbahn erheben, den Spittelmarkt kreuzen, sich bis zur Inselbrücke über dem Schleusenkanal entlang ziehen und dann dem Verlauf der Uferstraße am linken Spree-Ufer bis zur Schillingbrücke folgen, um vorläufig an der Köpenicker Straße zu endigen.

Es bleibt vorbehalten, über diese für die Verkehrsverhältnisse im Inneren der Stadt unzweifelhaft sehr wichtigen Linien näher zu berichten, sobald die Pläne feste Gestalt angenommen haben. ❐

Die geplante elektrische Untergrundbahn für Berlin.

Deutsche Bauzeitung • Januar 1897

In der Sitzung des Berliner Bezirksvereins deutscher Ingenieure vom 6. Januar 1892, welcher auch die Mitglieder des Architekten-Vereins beiwohnten, hielt Herr Bauinspektor Kolle – in technischen Kreisen bekannt durch eine Preisschrift aber elektrische Stellwerke – jetzt Direktor der Allgemeinen Elektrizitätsqesellschaft, vor überaus zahlreicher Zuhörerschaft einen fesselnden und formgewandten Vortrag über den Entwurf einer elektrischen Untergrundbahn für Berlin, welchen die oben genannte Gesellschaft auszuführen beabsichtigt und den zuständigen Behörden zur Genehmigung vorgelegt hat. Der Plan ist nun zwar in der Tagespresse bereits mehrfach besprochen worden, jedoch weniger von der technischen Seite, so dass eine Wiedergabe des Vortrags hier wohl am Platz ist.

Der Redner begründet zunächst die Bedürfnisfrage nach der Anlage neuer Stadtbahnen in Berlin durch eine Reihe statistischer Daten. Im Jahr 1881 hatte das Netz der Großen Berliner Pferdeeisenbahn eine Länge von 132 km und es wurden befördert 52 Millionen Personen. 1890 waren 220 km vorhanden, die Zahl der beförderten Personen war aber schon auf 121 Millionen gestiegen. Als Vergleich sei dabei angeführt, dass die gesamten Eisenbahnen Deutschlands mit zusammen 41 000 km nur 867 Millionen Personen beförderten. Der Omnibusverkehr betrug 1888 in Berlin 22 Millionen, der der Stadt- und Ringbahn zusammen 23 Millionen. Vergleiche mit dem Straßenverkehr in London, wo eine elektrische Untergrundbahn von der City nach Stockwell seit zwei Jahren im Betrieb steht und schon verschiedene neue Pläne seitdem aufgetaucht sind, ergeben, dass 1881 der Straßenverkehr auf Cheapside aufwies 75 000 Fußgänger und 12 000 Fuhrwerke. An der Ecke der Leipziger- und Friedrichstraße wurden in 16 Stunden, von 6 Uhr morgens bis 10 Uhr abends, gezählt 120 000 Fußgänger und 13 500 Fuhrwerke, am Potsdamer Platz 17 800 Fuhrwerke. Zur richtigen Würdigung der Londoner Zahlen ist jedoch zu berücksichtigen, dass sich das Hauptverkehrsleben dort in nur 9 Stunden, von 8–5 Uhr, abwickelt. Der Verkehr auf der 8,7 km langen Stadtbahn betrug 1888/89 21¾ Millionen Personen und hob sich 1890/91 auf 31⅓ Millionen, also um nahezu 50%.

Diese Verkehrszahlen lassen darauf schließen, dass neue Stadtbahnen, welche den Hauptverkehrszügen folgen, entschieden einem vorhandenen Bedürfnis abhelfen und voraussichtlich auch wirtschaftlich haltbar sein werden. Den vorhandenen Verkehrsmitteln wird ein wesentlicher Abbruch durch die Neuanlage nicht geschehen, da dieselben entweder andere Richtungen oder Zwecke verfolgen. Während z. B. Pferdebahn und

Omnibus aus einem stetig wechselnden, nur kleine Strecken durchfahrenden Publikum ihren Hauptnutzen ziehen und das Publikum auf größere Entfernungen bei der geringen Geschwindigkeit, die nicht mehr als 10 km/h bei den Pferdebahnen beträgt, und mit Rücksicht auf das häufige Anhalten einen zeitlichen Gewinn aus der Benutzung dieses Verkehrsmittels nicht erzielt, so bezwecken die neuen Stadtbahnen eine rasche Beförderung, bis zu 25 km/h, auf größere Entfernungen. Die verschiedenen Verkehrseinrichtungen können also wohl nebeneinander bestehen.

Der vorliegende Plan umfasst zunächst 8 Linien, eine West-Ost-Linie, Schöneberg – Alexanderplatz und darüber hinaus, durch die Potsdamer- und Leipziger Straße, eine Nord-Süd-Linie vom Wedding beginnend, durch Chaussee-, Friedrich-, Belle-Alliance-Straße bis zum Tempelhofer Feld und einen das Stadtinnere umspannenden Ring. Wenn das Bedürfnis sich herausstellt, soll ein äußerer Ring unter Umständen in späterer Zeit hergestellt werden, welcher die Endpunkte der beiden Hauptkreuzungslinien berührt.

Im Straßenniveau können die neuen Linien natürlich nicht liegen, Hochbahnen in diesen Straßenzügen würden ebenfalls aus finanziellen und ästhetischen Gründen unmöglich sein; es bleibt also nur die Ausführung von Untergrundbahnen. Dieselben müssen tunnelartig hergestellt und so tief gelegt werden, dass sie weder mit Hausfundamenten noch mit den in den Straßenzügen liegenden Rohrleitungen in Kollision geraten und dass sie außerdem in einer genügend tragfähigen Schicht ruhen. Für Berliner Verhältnisse schwankt die Tiefe daher zwischen 11 – 13 m Für den Betrieb war die Verwendung von ge-

wöhnlichen Lokomotiven, da es sich nur um die Anlage enger schwer ventilierbarer Tunnel handeln konnte, von vornherein ausgeschlossen. Unter den anderen möglichen Betriebsarten wählte man, entsprechend dem Vorbild der Londoner City & Southwark-Untergrundbahn, den elektrischen Betrieb, und zwar nicht den mit Akkumulatoren, sondern mit besondern elektrischen Lokomotiven.

Jede Linie der als Schmalspurbahn – 1,0 m Spur – auszuführenden Untergrundbahn ist zweigleisig. Jedes Gleis liegt in einem besonderen Tunnel; die Enden sind zur Schleife zusammengezogen, so dass ein vollständiger Ring entsteht und die Züge auf jeder Linie ohne Weichen aus einer Richtung in die andere übergehen können. Die in gewissem Abstand nebeneinanderliegenden Tunnel sollen nach dem vorliegenden Entwurf eiförmiges Profil erhalten von etwa 8 m² Fläche. Die Krümmungsenden betragen 1,37 m im First, 3,0 m an den Ulmen, 1,5 m an der Sohle. Die Höhe beträgt 2,5 m. Es wurde dieses Profil anstelle des statisch richtigeren, kreisförmigen (London) gewählt, am durch Weglassung der Zwischenwände der beiden Tunnel und Anlage einer gemeinsamen Decke und Sohle bequem die Stationen mit zwischenliegendem Bahnsteig und mit ausreichender Höhe ausfahren zu können.

Die Kreuzungen der verschiedenen Linien liegen in verschiedenen Niveaus, so dass absolute Betriebssicherheit auch in dieser Beziehung erzielt ist. Weichen sind nur vorhanden an den Enden der beiden Hauptrichtungen, welche von den Depots die Züge den Tunneln zuführen, außerdem an den Kreuzungsstellen, um auch in den anderen Linien des Morgens die Züge einsetzen und sie abends herausziehen zu können. Während des Betriebs treten diese Weichen nicht in Tätigkeit.

Die Steigungen sind, den geringen Gefälleverhältnissen des Geländes entsprechend, keine großen. In der Friedrichstraße ist die Maximalsteigung 1:780, am Zentralviehhof allerdings 1:50. Ganz horizontal sollen mit Rücksicht auf die Abführung des Sickerwassers die Linien nirgends ausgeführt werden, 1:2000 ist als Mindestgefälle angenommen. Von den Depots führen Rampen von 1:50 bzw. 1:30 zu den Tunneln; die Verbindungen der Kreuzungsstellen haben eine Steigung von 1:25.

Die West-Ost-Linie hat 18 km, die Nord-Süd-Linie 13 km, der Ring 16 km Länge. Es sollen, natürlich möglichst an den lebhaften Straßenkreuzungen, 18 bzw. 14 Stationen angelegt werden. Die Zugänge zu denselben werden meist durch vorhandene Häuser erfolgen müssen. Um möglichst wenig an Benutzbarkeit der Räume zu verlieren, werden die Billettschalter im Kellergeschoss angelegt und nur durch eine bequeme, breite Truppe vom Erdgeschoss aus zugänglich gemacht werden. Im Kellergeschoss liegen dann auch die Zugänge zu den Aufzügen bzw. den Treppen, welche zu den Bahnsteigen führen. Die Aufzüge, für 40 bis 50 Personen berechnet, sollen nicht senkrecht, sondern geneigt angelegt werden.

Die Züge sollen, ebenfalls wie in London, aus einer Lokomotive und drei Wagen mit 120 Sitzplätzen bestehen. Es sind ein Dreiminutenbetrieb und 10 Pf-Tarif vorgesehen. Als vermutliche Verkehrsziffern sind, durch Vergleich mit der Stadtbahn, 57 Millionen Personen für das Jahr geschätzt.

Die Kosten des Kilometers der zweigleisigen Linie sind auf 885 000 $\mathcal{M}$ veranschlagt. Die West-Ost-Linie würde danach allein 16 000 000 $\mathcal{M}$ kosten.

Die Hauptschwierigkeit der Unternehmung besteht in der Ausführung der Tunnel. Hier liegen die Verhältnisse ganz anders wie in London. Während dort der Tunnel fast durchweg in einer undurchlässigen Tonschicht, dem London Clay liegt, besteht der Untergrund Berlins aus Diluvial- und Alluvial-Sand, untermischt mit Moorschichten von teilweise nicht unbedeutender Mächtigkeit. Während das Gelände Berlins im Wesentlichen auf +34 bis 36 N.N. liegt, steigt das Grundwasser auf +30 bis 32 N.N. an. Die Ausführung hat also durchweg im schwimmenden Gebirge zu erfolgen. Diese ungünstigen Verhältnisse haben die ganze Idee der Untergrundbahn vielfach als technisch undurchführbar erscheinen lassen. Vom Eisenbahnbau- und Betriebsinspektor Mackensen, bekannt durch praktische und schriftstellerische Tätigkeit auf dem Gebiet des Tunnelbaus, ist nun ein Tunnelschild konstruiert, übrigens auch zum Patent angemeldet worden, mit welchem man diese Schwierigkeiten mit nicht zu erheblichen Kosten überwinden zu können glaubt.

Der fertige Tunnel soll eine flusseiserne, aus 70 cm breiten Ringen bestehende Haut erhalten, welche mit Rippen ausgesteift ist, die mit Flanschen zusammengeschraubt werden. Das Schild besteht nun zunächst aus einem stählernen Mantel, der etwas weiter ist, als der bleibende Tunnelmantel und sich über denselben schiebt. Diesen Mantel schließt, ein Stück hinter dem vorderen Ende, ein fester, ausgesteifter Boden ab. In der Achse des Tunnelquerschnitts liegt eine Welle, die in diesem festen Boden und im fertigen Tunnelteile in ihrer Richtung genau festgehalten ist. Das Lager in dem festen Boden hat ein

Kugelgelenk, derart, dass der vordere Teil der Welle schräg zur Tunnelachse gestellt werden kann, also ein Richtungswechsel möglich ist. Auf diesem vorderen Teil der Welle sitzt, in einem Stahlring montiert, der mit Kugelflächen den Schildmantel berührt, so dass er ebenfalls der Schiefstellung der Welle folgen kann, ein System von horizontalen und vertikalen Stahlplatten, die zusammen eine Art Maschenwerk bilden und beim Umtreiben dieses ganzen beweglichen Teiles in den Erdboden einschneiden, so dass derselbe unter dem natürlichen Böschungswinkel durch die Maschen in den Raum vor dem Boden des Schildes fällt. Sowohl der gesamte Schildmantel wie das Schneidensystem kann abwechselnd mit besonderen hydraulischen Pressen vorgetrieben werden. Um den Erdboden vor dem Schildboden beseitigen zu können, ist die Zuführung von Pressluft von ½ bis 1½ Atmosphären notwendig. Dies bedingt dann noch die Anlage einer Luftvorkammer hinter dem festen Schildboden. Diese wird erzielt durch einen zweiten, lose auf der Welle sitzenden Boden, der sich gegen den fertigen Tunnelteil stützt. Im losen Boden hofft man auf diese Weise gut vorwärtszukommen, während vorgefundene Hindernisse unter Anwendung des Luftdrucks unmittelbar von Hand beseitigt werden müssen. Der kleine Hohlraum, welcher über der Tunnelhaut bestehen bleibt, soll mit Zementmörtel unter Druck ausgespritzt, das Innere mit Moniermasse verkleidet werden.

Der Redner schloss mit der Zuversicht, dass noch vor Ablauf des Jahrhunderts Berlin seine Untergrundbahn erhalten werde. ❐

Die geplante elektrische Hochbahn für Berlin

Deutsche Bauzeitung • Februar 1897

Im Januar brachten wir einen Bericht über den von der Allgemeinen Elektrizitätsgesellschaft geplanten Bau von elektrischen Untergrundbahnen für Berlin. Nunmehr ist dem im Ingenieurverein gehaltenen Vortrag des Bauinspektor Kolle über die Untergrundbahn, der des Reg.-Bmstr. Schwieger über die von Siemens & Halske geplante elektrische Hochbahn gefolgt. Es durfte von Interesse sein, auch hierüber an dieser Stelle zu berichten und so einen Vergleich zwischen den beiden Unternehmungen zu gewinnen, welche übrigens nicht als Konkurrenzpläne zu betrachten sind, sondern welche, jede in ihrem Rahmen und zu ihren bestimmten Zwecken, wohl nebeneinander bestehen können, beide nur auf andere Weise das gemeinsame Ziel verfolgend, neue Verkehrsmittel und Wege für die Reichshauptstadt zu schaffen.

Die Bestrebungen der Firma Siemens, elektrische Hochbahnen für Berlin auszuführen, reichen bis in das Jahr 1880 zurück, nachdem auf der Gewerbeausstellung 1879 die Firma die erste elektrische Lokomotive ausgestellt hatte.

Entgegen dem jetzigen Entwurf wollte man mit den Bahnlinien den Hauptstraßenzügen folgen, also zunächst der Friedrich- und Leipziger Straße. Für die erste Linie schloss man sich der älteren New Yorker Hochbahn an, indem an jeder Bordkante je eine Säulenreihe, verbunden durch je einen kastenförmigen Hauptträger als Stütze je eines Gleises, aufgestellt werden sollte, während man für die zweite Linie, im Anschluss an die neueren amerikanischen Ausführungen, die Säulenreihen durch Querträger verbinden und auf diese in Straßenmitte die Gleise lagern wollte. Der Entwurf in der ersten Linie wurde abgelehnt, den dann aufgenommenen Plan einer Untergrundbahn ließ man der ungünstigen Bodenverhältnisse und des hohen Grundwasserstands wegen bald wieder fallen und der Entwurf für die zweite Linie kam nicht über die Anfänge hinaus.

Man kam damals zu der Erkenntnis, dass sich das System einer Hochbahn in den Hauptverkehrsstraßen für Berlin nicht eigne, dass sich ein Unternehmen wie die Stadtbahn, welche ganze Häuserblöcke durchschnitt und 70% der ganzen Bausumme an Grunderwerbs- und Entschädigungskosten erforderte, unter den heutigen Verhältnissen nicht mehr durchführen lasse, und man sah ein, dass man die Aufgabe elektrischer Hochbahnen in anderer Richtung suchen müsse. Dieser neue Zweck wurde gefunden in der Verbindung der Hauptverkehrszentren und die Ausführung wird ermöglicht, indem man den das Innere, der Stadt umgebenden breiten Ringstraßenzug und die Wasserläufe benutzt und indem man an den Uferstraßen und in den die Parkanlagen begrenzenden Straßenzügen die Hochbahn in eine Untergrundbahn verwandelt, aber nur in eine solche, welche unmittelbar unter dem Pflaster liegt, also nicht mit den Grundwasserverhältnissen zu kämpfen hat. Möglich sind derartige Untergrundstrecken natürlich nur in einseitig bebauten Straßen, welche überhaupt nur wenige Leitungen und besonders nur einseitige Hausanschlüsse der Kanalisation enthalten. Auf diese Weise ist der Grunderwerb auf ein Mindestmaß beschränkt, die Rentabilität wird also eine wesentlich günstigere, und außerdem erfüllt eine derartige Bahn Aufgaben, wie sie von den anderen Verkehrsmitteln nicht gelöst werden können.

Nach diesen Gesichtspunkten sind eine große Anzahl von Linien bereits in Erwägung gezogen und auf ihre Ausführbarkeit geprüft. In Aussicht genommen und speziell durchgearbeitet sind zunächst drei, eine Ost-West-Linie und zwei Nord-Süd-Linien, deren Entwürfe zurzeit den Behörden vorliegen.

Die Ost-West-Linie beginnt an der Haltestelle Warschauer Straße der Stadtbahn, kreuzt parallel zur Oberbaumbrücke die Spree, erreicht durch eine noch nicht vollständig bebaute Straße den 53 m breiten, mit Schmuckstreifen versehenen Straßenzug der Skalitzer Straße, die sie bis zum Torbecken verfolgt, um dann bis zum Halleschen Tor die Gitschiner Straße zu benutzen, überschreitet den Kanal, zieht sich längs desselben bis zur Möckernbrücke, schwenkt hier ab längs der Anhalter Bahn bis zur Hornstraße, überschreitet mit weit gespannten Brücken die Gleisanlagen des Anhalter und Potsdamer Bahnhofs, gelangt in den großen Ringstraßenzug Bülow-, Kleist-, Tauentzien-,

Hardenbergstraße, zwischen der Villa Bleichröder und der Technischen Hochschule hindurch zur Charlottenburger Chaussee, kreuzt diese in der Nähe des Knies und erreicht sodann, dem Salzufer folgend, die Flora und den Wilhelmplatz in Charlottenburg. Die ganze Linie ist als Hochbahn geplant, doch soll der Teil vom Salzufer an einstweilen als Niveaubahn ausgeführt werden, bis Verkehrsbedürfnisse die Hebung nötig machen werden.

Ursprünglich war beabsichtigt gewesen, die Linie vom Halleschen Tor bis zum Zoologischen Garten am Kanal entlang auf dem sogenannten grünen Streifen bzw. der Kanalböschung zu führen. Die maßgebenden Behörden ziehen jedoch die südlichere Linie vor, welche einen Ersatz bilden soll für die Zerrissenheit dieser Stadtteile, die durch die ausgedehnten Bahnhofsanlagen entstanden ist und die Entwicklung dieser Stadtteile sehr behindert. Um die somit südlich verschobene Bahn auch mit dem Stadtinneren in Verbindung zu setzen, ist eine Flügelbahn von der Möckernbrücke zum Potsdamer Bahnhof in Aussicht genommen. Östlich soll die Linie über die Warschauer Straße hinaus evtl. durch die Memeler Straße, entlang den alten Kirchhöfen und dem Friedrichshain durch die Friedenstraße bis zum Prenzlauer Tor verlängert werden.

Eine zweite Linie soll am Bahnhof Friedrichstraße beginnen und sich als Unterpflasterbahn längs des Reichstagsufer, durch die Sommer- und Königgrätzer Straße bis zum Potsdamer Platz hinziehen, diesen kreuzen und sich auf dem Hintergelände der Linkstraße bis zur Durchfahrt nach dem Potsdamer Bahnhof zur Hochbahn erheben, sodann der Flottwell- und Dennewitzstraße folgen, in die Ost-West-Linie übergehen und von ihr durch die Nürnberger Straße, sodann nach Schmargendorf und dem Grunewald vorläufig ebenfalls als Niveaubahn abzweigen. Erforderlichenfalls soll später vom Bahnhof Friedrichstraße aus, dem Zug der Spree folgend, ein Zweig als Unterpflasterbahn bis zur Schlossbrücke geführt werden.

Die dritte, durchweg als Hochbahn gedachte Linie beginnt ebenfalls am Bahnhof Friedrichstraße, überschreitet die Spree und folgt sodann dem Wasserlauf der Panke, und zwar über demselben, durchquert den sog. Grützmacher, kreuzt die Chausseestraße, die Verbindungsbahn und endigt am Bahnhof Gesundbrunnen.

Für die konstruktive Ausgestaltung der Bahn war die Betriebsweise, die Frage, ob Schmal- oder Normalspur, die Notwendigkeit möglichster Raumersparnis und schließlich Forderung einer einigermaßen ästhetischen Erscheinung in erster Linie maßgebend.

In der Betriebsweise will man die vollen Konsequenzen des elektrischen Betriebs ziehen und nicht wie bei der Londoner elektrischen Untergrundbahn und wie bei der geplanten Berliner Untergrundbahn elektrische Lokomotiven benutzen, sondern jeder Wagen soll Motorenwagen sein und den durch besondere Leitschiene zugeführten elektrischen Strom mit Kontaktbürsten entnehmen. Diese Anordnung hat die folgenden Vorteile für sich. Erstens besteht der ganze Zug aus gleichartigen Teilen, von denen sich jeder selbstständig bewegen kann, so dass die Vergrößerung oder Verkleinerung des Zuges entsprechend den Ansprüchen der Tagesstunde rasch ohne besondere Rangierbewegungen vor sich gehen kann; dann wird das Adhäsionsgewicht des

ganzen Zuges bei Überwindung der Steigungen ausgenutzt, nicht nur dasjenige der Lokomotive, da alle Achsen gleichmäßig belastet sind und gleichen Antrieb erhalten. Die Steigungen können also viel stärker sein, die Bremswirkung wird trotz größerer Fahrgeschwindigkeit eine bessere sein und schließlich kann der ganze Unterbau wesentlich leichter werden, da alle Raddrücke gleich und wesentlich kleinere sind, als bei Lokomotivbetrieb. Während z. B. der Raddruck auf der Stadtbahn 7 t beträgt, wird er für die Hochbahn nur 1½ t betragen. Zur Sicherheit werden jedoch alle Konstruktionen mit 3 t berechnet, um später auch ungehindert schwerere Betriebsmittel einführen zu können.

Als Spurweite bat man, trotzdem Schmalspur Ersparungen im Unterbau herbeiführen würde, die Normalspur gewählt, und zwar deshalb, weil man der späteren Entwickelung, dem etwaigen Ineinandergreifen der vielleicht später auch einmal elektrisch betriebenen Stadtbahn und dieser Hochbahn die Wege offen halten will. Um die Vorteile der Schmalspur wieder einzuholen, will man jedoch andere Wagen konstruieren, länger, aber schmaler und niedriger mit nur vier Quersitzen und 2,25 m Breite, natürlich aber mit Drehgestell, um die starken Kurven von 100 m Radius durchfahren zu können, so dass das Normalprofil des lichten Raums von 4 m auf 3 m Breite und von 4,80 m auf 3,15 m Höhe herabgesetzt wird. Die Stadtbahn hat 3,75 m Gleisabstand für jedes Gleispaar, so dass die Normalprofile ineinandergreifen. Es bleiben dann rund 35 cm Abstand zwischen den Trittbrettern. Die neue Hochbahn behält noch 75 cm, so dass also das Personal weniger gefährdet wird. Die geringe Höhe des Profils ist wünschenswert, um den Übergang von der Hochbahn zur Unterpflasterbahn mit der Maximalsteigung von 1:40 möglichst rasch zu erreichen. Wenn die Untergrundstrecken eiserne Decken erhalten, auf denen unmittelbar das Pflaster ruht, so genügt eine Tiefe der Schienenoberkante von 4 m unter Pflasteroberkante und andererseits genügen bei 4,40 m Lichthöhe der Straßenkreuzungen und 0,75 m Konstruktionshöhe 5,15 m Höhe der Schienenoberkante über Pflaster. Der Höhenunterschied von rd. 9 m ist also auf 360 m zu erreichen.

Die Hochbahn soll ganz in Eisen konstruiert werden, und zwar sollen Säulenreihen in 3,5 m Abstand aufgestellt werden, auf welchen die beiden als Gerbersche Gelenkträger mit überstehenden Enden auszuführenden Hauptträger ruhen, zwischen ihnen die Querträger, welche die Gleise tragen. Hauptträger und Säulen, welche auf Kugelgelenken mit dem Fuß stehen, bilden ein Ganzes und sind mit den Querträgern noch durch bogenförmige Aussteifungen verbunden. Die Säulen verjüngen sich nach unten, so dass sie möglichst geringe Verkehrshindernisse bieten, entgegen fest verankerten Säulen, deren Basis sich verbreitern müsste. Durch die feste Verbindung der Säulenköpfe mit dem Oberbau soll dann die nötige Seitensteifigkeit erzielt werden. Die Fahrbahn soll dicht schließend, etwa mit Monier abgedeckt werden.

Die Haltestellen, welche in 4–500 m Entfernung angeordnet werden, sollen möglichst einfach sein. Sie bestehen nur aus den beiderseits angeordneten Fahrsteigen mit einfachem Hallendach und den Zuführungstreppen. Ihre Länge ist auf vier Wagen bemessen und kann noch vergrößert werden, wenn auch vorläufig bei Dreiminutenbetrieb nur Züge mit drei Wagen laufen sollen. Die ganze Stationsbreite wird nur 11 m bei 6 m Säulenentfernung betragen.

Die Untergrundstrecken erhalten eine Betonsohle, darauf beiderseits Futtermauern; die Decken sollen aus eisernen Quer- und Längsträgern mit Buckelplatten gebildet werden, auf denen unmittelbar das Pflaster ruht. An den Wasserläufen beabsichtigt man, die dem Wasser zugekehrte Seite galerieartig zu öffnen. Wo die nötige Breite nicht vorhanden ist, würden die Futtermauern durch eiserne Wände ersetzt werden, so dass 7 m Gesamtbreite ausreichend sind.

Längs des Kanals soll die Hochbahn den grünen Streifen benutzen, so weit er auf der richtigen Seite liegt, und die eine Säulenreihe soll sieh direkt auf die Böschungsmauer stützen. Stellenweise würden große Träger quer über den Kanal zu legen sein, auf welchen die Gleise am Rand oder in der Mitte zu lagern sind. Diese Querträger können auch zu Fußgängerbrücken an den einmündenden Straßenzügen ausgebildet, werden.

Zum Schluss betonte der Redner die Notwendigkeit, für Berlin baldigst neue Verkehrsmittel zu schaffen, ehe die fortschreitende Bebauung derartige Entwürfe unausführbar mache. Er hob hervor, dass der Stadtbahnverkehr seit 1884 von ½ Million auf 31 ½ Millionen Personen gestiegen sei, dass der Omnibusverkehr das gleiche Maß, der Pferdebahnverkehr das 10fache aufweise.

Der Redner appelliert besonders an die öffentliche Meinung, welche sich zu der Unternehmung günstig stellen müsse, und erinnert daran, dass die Stadtbahn, von der man zunächst nichts wissen wollte, jetzt Berlin in ungeahnter Weise längs ihres Zuges entwickelt habe. Hoffentlich erkennen die maßgebenden Behörden die Notwendigkeit an, ihre verschiedenen Interessen mit Bücksicht auf das öffentliche Interesse hintanzusetzen, damit es Berlin nicht geht wie den Wienern, die ihre Stadtbahn jetzt gern haben möchten, von der sie zuerst aus ästhetischen Rücksichten nichts wissen wollten.

Möchte die Frage möglichst bald gelöst werden und auf den neu geschaffenen Verkehrswegen neues Leben für Berlin erblühen. ❐

Friedrich Gerlach

Die elektrische Untergrundbahn der Stadt Schöneberg

Die 1910 eröffnete Untergrundbahn der damals noch selbstständigen Stadt Schöneberg war nicht nur die zweite U-Bahn in Deutschland, sie setzte auch neue Maßstäbe bei der Baulogistik und viele Verfahren der ›Berliner Bauweise‹ wurden hier zum ersten Mal angewendet. Dem Verfasser dieses Buches, Stadtbaurat Friedrich Gerlach (1856–1938), oblag die oberste Leitung für das Projekt der Schöneberger Untergrundbahn und so erfährt der Leser aus erster Hand, wie die Strecke geplant und gebaut wurde. Über 120 Zeichnungen und Fotos illustrieren dieses Zeitdokument der Berliner Verkehrsgeschichte.

• **ISBN 978-3-7519-1432-1**

edition·epilog·de

Erhältlich in allen guten Buchhandlungen

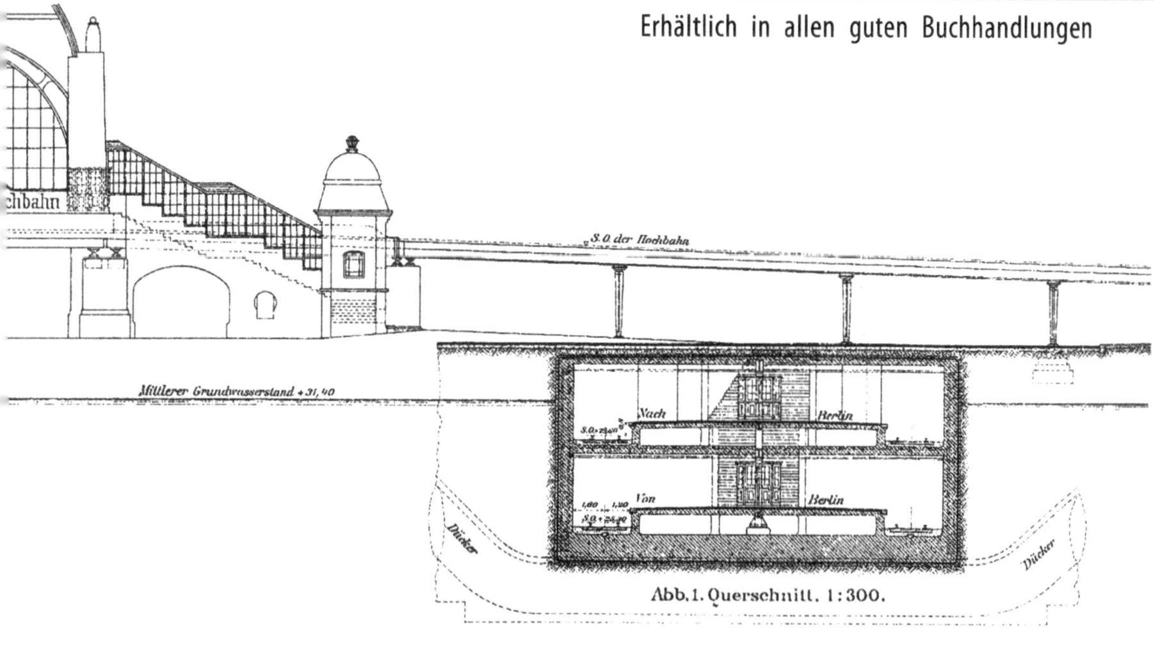

S.O. der Hochbahn

chbahn

Mittlerer Grundwasserstand + 31,40

Nach

Berlin

S.O.+ 25,00

Von

S.O.+ 24,40

Berlin

Dücker

Dücker

Abb. 1. Querschnitt. 1 : 300.

Bernhard Hoppe
Mit dem Käfer in die Alpen
Reise-Tagebücher 1961 – 1963
Dank des Wirtschaftswunders war es am Anfang der 1960er Jahre für fast jedermann möglich, in den Urlaub zu fahren. Selbst ›exotische‹ Ziele wie Österreich oder Italien konnte man sich leisten. Die Kost war noch regional, aber für einen gelungenen Urlaub genauso wichtig wie heute. Dieses Buch führt in eine Zeit, in der Massentourismus noch unbekannt war und warmes Wasser noch nicht selbstverständlich. Rund 150 Fotos illustrieren dieses authentische Zeitdokument. **• ISBN 978-3-7519-3741-2**

Schmiedekunst und Glockenguss
Eine Zeitreise durch 300 Jahre Metallhandwerk
Eine Zeitreise in Originaldokumenten durch die Geschichte des Metallhandwerks vom späten 16. bis ins 19. Jahrhundert. Viele heute vergessene Techniken, Werkzeuge und Produkte werden wieder lebendig. Zahlreiche historische Holzschnitte und Kupferstiche zeigen die Werkstätten und Arbeitsweisen der vergangenen Zeit. **• ISBN 978-3-7543-8430-5**

Zeitreisen

Die ›Zeitreisen‹ knüpfen an die Tradition der Jahrbücher und Zeitschriften ›zur Bildung und Erbauung‹ aus dem 19. Jahrhundert an. Eine bunte Auswahl von Originalartikeln begleitet den authentischen und oft überraschend aktuellen Ausflug in die Geschichte.
Kultur- und Technikgeschichte aus erster Hand, behutsam redigiert, in aktueller Rechtschreibung und reichhaltig illustriert.

Band 1
Zeitreisen mit Aufzügen und nach Berlin
Kultur + Technik von 1833 bis 1913 **• ISBN 978-3-7543-9786-2**

Band 2
Zeitreisen mit Bergbahnen und nach London
Kultur + Technik von 1620 bis 1929 **• ISBN 978-3-7562-0128-0**

Zeitreisen zur Kultur + Technik **edition·epilog·de**
Erhältlich in allen guten Buchhandlungen